Sirajul Haq
Wajid Rehman
Amreen Shah

Síntese e atividade antimicrobiana de alguns complexos de organoestanho(IV)

Sirajul Haq
Wajid Rehman
Amreen Shah

Síntese e atividade antimicrobiana de alguns complexos de organoestanho(IV)

ScienciaScripts

Imprint

Any brand names and product names mentioned in this book are subject to trademark, brand or patent protection and are trademarks or registered trademarks of their respective holders. The use of brand names, product names, common names, trade names, product descriptions etc. even without a particular marking in this work is in no way to be construed to mean that such names may be regarded as unrestricted in respect of trademark and brand protection legislation and could thus be used by anyone.

Cover image: www.ingimage.com

This book is a translation from the original published under ISBN 978-3-659-85097-4.

Publisher:
Sciencia Scripts
is a trademark of
Dodo Books Indian Ocean Ltd. and OmniScriptum S.R.L publishing group

120 High Road, East Finchley, London, N2 9ED, United Kingdom
Str. Armeneasca 28/1, office 1, Chisinau MD-2012, Republic of Moldova, Europe
Printed at: see last page
ISBN: 978-620-6-78333-6

QUADRO DE CONTEÚDOS

CAPÍTULO 1 INTRODUÇÃO

1.1 ESTANHO (ESTANHO)

O estanho é um elemento químico com número atómico 50 e massa atómica de 118,71, com o símbolo Sn da palavra latina Stannum. É um metal do grupo principal que apresenta semelhanças químicas com o germânio e o chumbo, tendo dois estados de oxidação possíveis +2 e o ligeiramente mais estável +4. O estanho é um sólido branco com uma estrutura cristalina tetragonal. As propriedades físicas do estanho mostram que o ponto de fusão é 231.9°C (505.05K, 4118.0°F), o ponto de ebulição é 2270.0°C (2543.15K, 4118.0°F) enquanto a densidade do estanho a 293K é 7.31 g/cm^3. É obtido da crosta terrestre como minério de cassiterite.

1.1.1 Isótopos

O estanho tem isótopos estáveis de estanho com massas atómicas de 112 a 124, com exceção de 113, 121 e 123. Entre os isótopos, o $^{(120)}$Sn é o mais abundante, enquanto o $^{(115)}$Sn é o menos abundante.

Tabela 1.1: Isótopos de estanho e suas propriedades

Estável		Radioativo	
Isótopos	Estabilidade	Isótopos	Estabilidade (meia-vida)
Sn-112	Estável	Sn-113	115,1 dias
Sn-114	Estável	Sn-117m	13,6 dias
Sn-115	Estável	Sn-119m	293,0 dias
Sn-116	Estável	Sn-121	1,12 dias
Sn-117	Estável	Sn-121m	55,0 ano
Sn-118	Estável	Sn-123	129,2 dias
Sn-119	Estável	Sn-123m	40,1 minutos
Sn-120	Estável	Sn-125	9,63 dias
Sn-122	Estável	Sn-125m	9,5 minutos
Sn-124	Estável	Sn-126	100000.0 anos

1.1.2 Ocorrência

O estanho é o 49º elemento mais abundante na crosta terrestre, representando 2 ppm em comparação com 75 ppm para o zinco, 50 ppm para o cobre e 14 ppm para o chumbo.

O estanho deve ser extraído dos compostos de base, não se encontrando naturalmente por si só. A única fonte comercialmente importante de estanho é a cassiterite (SnO2). A partir de sulfuretos complexos, tais como stannite, cylindrite, franckeite, canfieldite e teallite, recupera-se uma pequena quantidade de estanho. A rocha granítica contém minerais com 1% de teor de óxido de estanho.

Cerca de 80% do estanho extraído provém de depósitos secundários situados a jusante dos filões primários, devido à maior gravidade específica do estanho e à sua resistência à corrosão. A dragagem, os métodos hidráulicos ou a extração a céu aberto são as formas mais económicas de extração de estanho. Dos depósitos de placer é produzido 0,015% de estanho.

Em janeiro de 2008, estimava-se que existiam 6,1 milhões de toneladas de reservas primárias economicamente recuperáveis, a partir de uma reserva de base conhecida de 11 milhões de toneladas [1].

Devido à dinâmica da viabilidade económica e ao desenvolvimento da tecnologia mineira, as estimativas da produção de estanho têm variado historicamente. Estima-se também que a terra esgotará o estanho que pode ser extraído em 40 anos com as actuais tecnologias e taxas de deposição [2]. No entanto, Lester Brown sugeriu que, devido a uma extrapolação extremamente conservadora de 2% ao ano, o estanho poderia esgotar-se dentro de 20 anos [3].

A produção secundária ou sucata de estanho é também uma fonte importante do metal. A reciclagem de sucata de estanho ou a produção secundária está a aumentar rapidamente. Os Estados Unidos foram o maior produtor secundário e reciclaram cerca de 14 000 toneladas em 2006, embora não tenham extraído minério desde 1993 nem fundido estanho desde 1989[4]. No sul da Mongólia, na Colômbia e na América do Sul, em 2009, novos depósitos de estanho foram descobertos pelo Seminole Enterprises Group [5].

1.2 BASE SCHIFF

Químico alemão Hugo (ago) Schiff nasceu em 1834 em Frankfurt, foi aluno de Friedrish WOhlar em Gottingen. Fundou o Instituto de Química da Universidade de Florença em 1879. Realizou trabalhos de investigação sobre aldeídos e descobriu um novo grupo de compostos (base de Schiff e outras iminas), que receberam o nome do teste de Schiff. Estudou também no domínio dos aminoácidos e do reagente de Biureto. Schiff morreu em 1915, em Florença. Ainda hoje existe na Universidade de Florença o armazém internacional Hugo Schiff.

As bases de Schiff derivadas de aminas aromáticas e aldeídos aromáticos têm uma vasta gama de aplicações em muitos domínios, por exemplo, na Química Biológica, Inorgânica e Analítica [6-11]. A aplicação de muitos dispositivos analíticos novos requer a presença de reagentes orgânicos como compostos essenciais do sistema de medição. São utilizados, por exemplo, em sensores ópticos e electroquímicos, bem como em vários métodos cromatográficos, para permitir a deteção de aumentar a sensibilidade e a seletividade [12-13].

Entre os reagentes orgânicos atualmente utilizados, as bases de Schiff possuem excelentes caraterísticas, semelhanças estruturais com substâncias biológicas naturais, procedimentos de preparação relativamente simples e a flexibilidade sintética que permite a conceção de propriedades estruturais adequadas [14-15].

As bases de Schiff são sobretudo aplicáveis na determinação analítica, recorrendo à reação de condensação de aminas primárias e compostos carbonílicos em que se forma a ligação azometínica (determinação de compostos com um grupo amino ou carbonílico); recorrendo à reação de formação de complexos (determinação de aminas, compostos carbonílicos e iões metálicos); ou utilizando a variação das suas caraterísticas espectroscópicas em função de alterações de pH e de solvente (indicadores de pH de polaridade de solventes) [16-18].

1.3 IMPORTÂNCIA BIOLÓGICA DA BASE DE SCHIFF

A pesquisa bibliográfica revela que as bases de Schiff exibem uma vasta gama de actividades farmacológicas como antifúngica, antibacteriana, antiviral, anti-inflamatória, antifrástica, antipirética, antituberculosa, atividade catalítica, atividade antitumoral e atividade citostática.

Wang yangang *et.al.,* [19] **preparou** diazometinas com atividade de hormona vegetal. Das Arima *et.al.,* [20] sintetizaram bases de Schiff de aminohidroxi-guanidina (Sb-AHG5) e analisaram a atividade antiviral contra o vírus Herpes Simlex (HSV-1) e adenovírus (AD-5) juntamente com 11 outros heterocíclicos SB-AHG5.

Foram sintetizadas bases de Schiff derivadas do 2-tiofeno carboxaldeído e do ácido 2-aminobenzóico e testadas quanto à sua atividade antibacteriana contra espécies bacterianas *Escherichia coli, Pseudomonas aeruginosa, Staphylococcus pyogones e fungos* (Candida) [21].

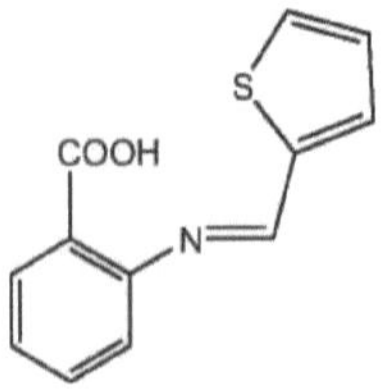

Bases de Schiff preparadas pela reação do 5-cloro-salicilaldeído com benzilamina e 4-fluoro-benzilamina. Os compostos foram analisados quanto às actividades antibacteriana (*Bacillus Subtilis, Escherichia coli, Pseudomonas fluorescence e Staphyton Aureus*) e antifúngica *(Aspergillus Niger, Candida albicans e Trichophyton rubrum*) por MTT [22].

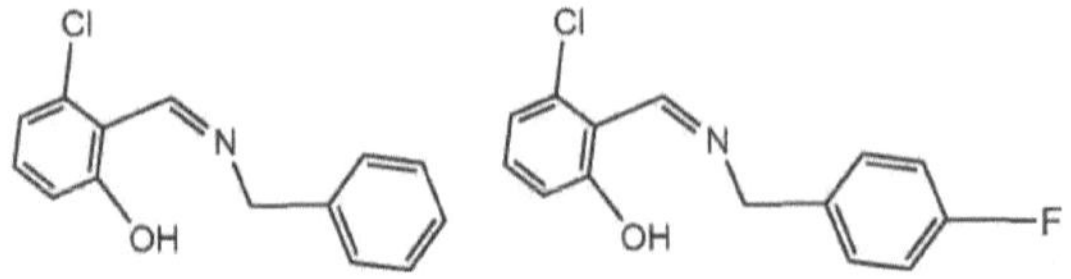

Lingyan He *et.al.*, [23] preparou uma base de Schiff com atividade de inibição enzimática e antibacteriana.

Base de Schiff sintetizada a partir de pirolidiona e piridina com o-fenilendiamina com atividade antibacteriana contra *Coli bacillus* e *pseudomonas aeruginosa* [24]. A base de Schiff sintetizada a partir da condensação de 2-aminometilbenzimidazol (ambmz) e salicilaldeído com atividade anti-inflamatória (utilizando o bioensaio de edema da pata induzido por carragenina em ratos) e a toxicidade aguda (LD50) dos derivados sintetizados mostram que os derivados de diaorganotina(IV) (19,75-22,23% de inibição) indicam uma melhor atividade em comparação com os derivados de triorganotina(IV) (10,32-17,86% de inibição) [25].

A base de Schiff foi sintetizada a partir da condensação de tris(2-aminoetil)amina (tren) e 4-metil-5-inidazolcarboxaldeído (4-Me-5ImH). O ligando sintetizado foi analisado quanto à sua atividade anti-inflamatória [26].

Smolders *et.al.*, [27] prepararam novas bases de Schiff como potenciais agentes antitumorais. Chohan *et.al.* prepararam bases de Schiff, que foram testadas e comparadas quanto à sua atividade antibacteriana contra várias espécies de *Escherichia coli, Pseudomonas aeruginose e Klebisella pneumonias* [28].

V.M. Patel *et.al.* **[29]** prepararam algumas novas bases de Schiff com boa ação antibacteriana.

S. Castellano *et.al.*, sintetizaram derivados de azomethine e avaliaram in vitro contra vários fungos patogénicos responsáveis por doenças humanas **[30]**. Holla B. Shivarama *et.al.*, documentaram a atividade antibacteriana, antifúngica e herbicida **[31]**.

Wang Yangang e et al selecionaram algumas bases de Schiff com boa atividade hormonal vegetal **[32]**. Pascal Rothelst et al. registaram algumas novas bases de Schiff como agentes antiparasitários **[33]**. J. R. Dimmok et al sintetizaram algumas bases de Schiff como agentes citotóxicos **[34]**.

A.Adnan *et.al.*, sintetizaram bases de Schiff que possuem uma atividade antibacteriana e antifúngica significativa **[35]**. C. Alexandru et.al sintetizaram bases de Schiff que possuem boas propriedades analgésicas e antipiréticas **[36]**. S.N. Pandeya e colaboradores sintetizaram bases de Schiff mostraram boa atividade contra *vibrio cholerae no-o, shigella boydii, Enterococcus faecalis e Edwaredsiella torla* com MIC na faixa de 1 a 25 µg/ml. Alguns compostos foram encontrados contra *Salmonella typhi e Vibro cholerae-o* (MIC 25-150 µg/ml) **[37]**.

R.V. Chambhare e colaboradores prepararam algumas bases de Schiff e testaram a sua atividade antimicrobiana **[38]**. Ram Tilak et al **[39]** sintetizaram algumas bases de Schiff, tiazolidinonas 4-triazolinas e zonas de formação de a-cloro fenotiazinas e testaram-nas contra vários microrganismos.

1.4 COMPOSTOS DE ORGANITINA(IV)

Os compostos com pelo menos uma ligação direta Sn-C são compostos organoestânicos de fórmula R_nSnL_{4-n}. São de quatro tipos, ou seja, tetra, tri, di e mono organoestanho (IV). O X pode ser hidrogénio, um metal ou um grupo ligado ao estanho por oxigénio, enxofre, azoto, halogéneo, etc.

[1st] Os compostos organoestânicos foram sintetizados por Frank Land em 1849. A fórmula desse composto era Et2SnI2 **[40]**, mas a aplicação comercial para uso como estabilizador de PVC ocorreu na década de 1940. Devido à vasta gama de aplicações técnicas e às suas propriedades ambientais e

toxicológicas favoráveis, a utilização de compostos organoestânicos aumenta de dia para dia [20]. Os compostos organoestânicos têm encontrado uma grande variedade de aplicações na indústria [41-48]. Os complexos organoestânicos são utilizados em vários domínios [49] e apresentam potenciais aplicações biológicas [50], tais como insecticidas, fungicidas, matricidas, moluscicidas, tintas marinhas anti-incrustantes, desinfectantes de superfícies e conservantes de madeira [51].

Nos últimos anos, foram efectuadas investigações para testar a sua atividade antitumoral e observou-se que, de facto, várias espécies de diorganotina e triorganotina apresentam potencial como agentes antineoplásicos [52]. Um certo número de trialquilestanho(IV) tem aplicações biológicas e alguns dialquilestanho(IV) são utilizados como catalisadores em reacções orgânicas e como estabilizadores do PVC.

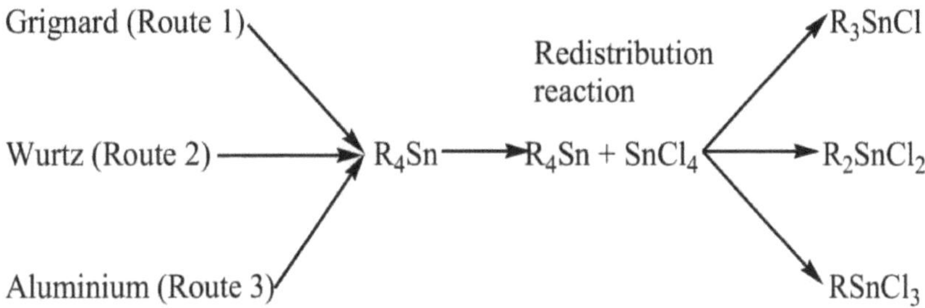

Figura 1.1: Rotas sintéticas dos compostos organoestânicos

1.4.1 Classificação dos compostos organoestânicos [53-61]

Compostos de monoorganotina

Compostos de diorganotina

Compostos de triorganotina

Compostos de tetraorganotina

Compostos de hexaorganotina Estanatranos

1.5 NATUREZA DA LIGAÇÃO Sn-C

As ligações C-C, C-Si e C-Ge são menos reactivas do que a ligação Sn-C no grupo 14 porque Sn-C é mais polar. A natureza e o número de grupos orgânicos ligados ao estanho afectam as propriedades dos compostos organoestânicos, resultando numa vasta gama de aplicações [62].

1.6   MÉTODOS DE SÍNTESE DE ORGANOESTÂNICOS

COMPOSTOS

Os compostos organoestânicos são sintetizados pelos seguintes métodos

1.   Método direto para o estanho elementar através de compostos de estanho.

2.   O método indireto é comum na produção de organoestânicos à escala industrial [63].

3.   Método de alquilação e arilação.

1.1.1 Síntese direta

Envolve a reação do estanho elementar ou de uma liga com um halogeneto orgânico, geralmente iodeto. O iodeto de fosfónio é um catalisador adequado para a síntese direta de dicloreto de dialquilo [63]

$$Sn + 2RI \longrightarrow R_2SnI_2$$
$$Sn\backslash Na + 4RXR \longrightarrow 4Sn + 4NaX$$

1.1.2 Síntese indireta

Os reagentes de Grignard são utilizados em métodos modernos e diretos.

$$SnCl_4 + 4RMgX \longrightarrow 4MgXCl + R_4Sn$$

As di e tetraorganotinas são preparadas por este método, mas para as mono e triorganotinas são utilizadas as seguintes reacções de redistribuição [63].

$$R_4Sn + 3SnCl_4 \longrightarrow 4RSnCl_3$$
$$R_4Sn + R_2SnCl \longrightarrow 2R_3SnCl$$

1.1.3 Alquilação e arilação

Quando o SnCl4 reage com a trialquilação, as reacções de alquilação ocorrem na ausência de solvente doador [64].

$$SnCl_4 + R_3Al + C_6H_6 \longrightarrow R_3SnCl + AlCl_3$$

No entanto, são produzidas tetraalquilestinas quando o SnCl4 é tratado com eteratos de alquil alumínio.

$$4Et_3Al.Bu_2O + SnCl_4 \longrightarrow 3Et_4Sn + 4AlCl_3.Bu_2O$$

Os halogenetos de triciclohexilestanho são preparados da seguinte forma[64].

$$3CyhMgX + SnX_4 \longrightarrow Cyh_3SnX + MgX_2$$

Cyh=cyclohexyl; X = Cl, Br

1.7   COMPLEXOS ORGANOESTÂNICOS DE BASES DE SCHIFF

A química dos complexos de organoestanho (IV) da base de Schiff tem origem nas suas actividades biocidas e antitumorais, e no comportamento das bases de Schiff como modelo para sistemas biológicos [65]. Um grande número de bases de Schiff foram sintetizadas e extensivamente estudadas porque possuem algumas propriedades caraterísticas como manifestações de estruturas novas, estabilidade térmica, propriedades biológicas relevantes, alta flexibilidade de síntese e utilidade medicinal [66]. As bases de Schiff têm sido utilizadas na preparação de muitos fármacos potenciais e são conhecidas por possuírem um amplo espetro de actividades biológicas, tais como actividades antivirais [67], antifúngicas [68], antifrásticas [69], antibacterianas [70], antitumorais [71], anti-VHC [72], anticancerígenas [73], antimicrobianas [7478], antiematicidas [79], anti-insecticidas [80] e anti-inflamatórias [81]. Verificou-se que vários derivados organoestânicos (IV) de dipeptídeos apresentam atividade anti-inflamatória [82-88]. Uma vez que o alívio rápido e eficaz da dor e da inflamação no ser humano com um mínimo de efeitos secundários continua a ser um grande desafio para os investigadores de química medicinal. Por conseguinte, do ponto de vista fármaco-económico, é altamente desejável um agente anti-inflamatório com efeitos secundários mínimos e margem de segurança.

1.8   APLICAÇÃO DE COMPOSTOS ORGANOESTÂNICOS

Há cerca de 150 anos, os compostos organoestânicos foram descobertos e, na década de 1950, foram comercializados. Estes compostos têm muitas aplicações importantes e são amplamente utilizados na indústria.

Estes compostos estão a ser utilizados em diferentes domínios, devido às suas propriedades toxicológicas favoráveis; apresentam uma vasta gama de aplicações. O número de ligações carbono-estanho nas moléculas e a natureza dos grupos ligados afectam a toxicidade dos compostos organoestânicos. Com o aumento do número de átomos de carbono, a toxicidade diminui [89]. Os compostos organoestânicos exercem um efeito significativo a concentrações muito baixas. Em muitos casos, os compostos organoestânicos apresentam vantagens ambientais em comparação com outros materiais. A aplicação pode ser classificada em dois grupos.

- Aplicações biológicas

- Aplicações não biológicas

1.8.1 Aplicações biológicas

Os compostos organoestânicos têm-se revelado um agente eficaz contra muitos fungos e bactérias, sendo também utilizados como conservantes de madeira, têxteis, cordame, couro, equipamento elétrico e eletrónico e vidro. A maioria dos compostos organoestânicos biologicamente activos são compostos de trialquil ou triarilestanho. O óxido de bis(trialquilestanho), TBTO (M & T Chemical Inc.), confere propriedades antibacterianas, antifúngicas e anti-traça aos tecidos tratados. Nesta aplicação, os compostos de estanho competem com compostos como o 8-quinolonolato de cobre, naftenatos de cobre e zinco, dimetilditiocarbamato de zinco, pentaclorofenol e compostos de amónio quaternário.

Algumas das aplicações dos compostos organoestânicos são indicadas a seguir:

a)   Medicina dentária

Para resolver muitos problemas dentários, o estanho inorgânico é muito útil. Durante muitos anos, o fluoreto de estanho foi utilizado em pastas de dentes, dentífricos, soluções tópicas, elixires bucais e, por vezes, como constituinte de cimento dentário do tipo poliacrílico de óxido de zinco. Protege o esmalte dentário e reduz as manchas dentárias de forma mais eficaz do que o fluoreto de sódio. O dilaurato de dibutilo e estanho inibe o crescimento de *Candida albicans* [90]. O hexaflourozirconato de estanho (II) poliu os dentes e reduziu a estabilidade e a deterioração do estanho. O efeito dos dentífricos de aminoflouroditina (II) e dos elixires bucais na placa dentária, gengivite, placa e acumulação de flúor no esmalte também foi relatado [91].

b)   Aplicações veterinárias

A Raillietina cesticillus é eficazmente controlada pelo dilaurato de dibutilestanho em frangos e no controlo de outras ténias das aves de capoeira. Também é utilizado no controlo de outras doenças parasitárias de aves de capoeira, ovinos e suínos.

O dilaurato e o maleato de dibutilestanho e outros ésteres de estanilo são utilizados em medicina veterinária. O tetraisobutilestanho é utilizado como anti-helmíntico contra infecções por vermes e protozoários em aves de capoeira [92-93] c) Aplicação medicinal

Os sais de estanho (II) estão a ser utilizados como medicamentos nucleares de diagnóstico radiofarmacêutico para cintigrafia pulmonar, óssea e hepática [94]. São também utilizados na quimioterapia do cancro [95].

O tributil, o cloreto de trifenilestanho e o acetato de trifenilestanho são utilizados para proteção a longo prazo contra roedores [96]. Os fluoretos de dialquilo de estanho, bem como alguns adutos de fenonotrolina com organoestanho, apresentam propriedades antitumorais [97-98]. Do mesmo modo, alguns organoestânicos em baixas concentrações são utilizados como moluscidas eficazes, como o cloreto e o acetato de trifenilestanho, o TBTO e o fluoreto de tributilestanho [99].

d)   Desinfectantes

Muitos compostos organoestânicos podem ser utilizados como desinfectantes. Alguns compostos são eficazes contra bactérias gram positivas [100]. Quando são combinados com outros compostos eficazes contra bactérias gram-negativas, podem ser utilizados como desinfectantes eficazes, por exemplo, o benzoato de bis (tributilestanho) e o formaldeído com o nome genérico de incidina [101]. Além disso, o óxido de tributilestanho pode ser utilizado em combinação com halogeneto de amónio quaternário [SCP31], pode ser utilizado como bactericida e bioestático no interior de edifícios e pode também ser utilizado para evitar a biodeterioração de vários materiais, como madeira, algodão, têxteis e enchimentos domésticos à base de celulose [102].

e)   Agentes antivegetativos

O TBTO e o linoleato de tributilestanho são ingredientes activos na preservação da madeira marinha. As formulações de tintas que contêm TBTO controlaram a incrustação marinha durante tanto tempo como as tintas de óxido cuproso. Uma concentração entre 10 e 20% em peso de TBTO é normalmente suficiente para toda a época náutica. Nesta aplicação, os organoestânicos competem com os organomercuriais e com as tintas anti-incrustantes à base de organoplastos.

Os compostos de tributilestanho e trifenilestanho têm propriedades muito biocidas e quase todos os navios têm utilizado estas tintas desde a sua primeira aplicação no início da década de 1960. As triorganotinas presentes nos oceanos são persistentemente estáveis nos sedimentos, uma vez que não se decompõem rapidamente na água do mar; muitas incidências de imposição em alguns moluscos têm sido associadas à sua presença, mesmo quando presentes em concentrações extremamente baixas. A incrustação marinha é uma das principais causas do aumento do peso e da resistência da estrutura dos organismos imersos na água do mar, como o casco das ovelhas e os equipamentos de sonar dos navios [103].

f)   Conservante de madeira

Alguns dos compostos de trialquilestanho são amplamente utilizados como conservantes da madeira, por exemplo, Bu3SnO2C2H3, (Bu3Sn)2O, Et3SnOH, etc. [104-105], o fosfato e o naftenato de tributilestanho são também utilizados como fungicidas e conservantes da madeira [106-107]. Alguns compostos, como os fungicidas de tributilestanho que contêm hidrocarbonetos clorados, são também úteis no combate a pragas xilófagas, como o *anobium punctatum* [108], pelo que são utilizados como insecticidas.

g) Produção vegetal

Muitos compostos triorganotínicos têm vantagens e estão a ser utilizados como agroquímicos. Por exemplo, o acetato de trifenilo tem sido utilizado com êxito contra doenças das árvores de coca, antracnose do feijão e plantas de amendoim. Além disso, o cloreto de trifenilestanho e o óxido de bis(trifenilestanho) têm sido amplamente utilizados como fungicidas [109-110]. São úteis como agroquímicos devido à sua baixa toxicidade, à degradação ambiental favorável para produtos não tóxicos de monoraganotina e estanho inorgânico e à baixa toxicidade para organismos não visados [111]. Assim, a utilização de compostos organoestânicos na agricultura foi revista [112] e os primeiros compostos a serem introduzidos foram o acetato de trifenilestanho e os hidróxidos de trifenilestanho.

h) Agentes antifúngicos

Os compostos de tributil e isopropilestanho são fungicidas eficazes. O acetato e o hidróxido de trifenilestanho controlam o fungo que causa o míldio tardio da batata, controlam a sigatoka nas bananas e controlam 11 outras doenças fúngicas de culturas importantes [113].

i) Agentes insecticidas

O acetato de trifenilestanho e o cloreto de trifenilestanho são moluscicidas eficazes para o controlo de caracóis que servem de vectores da infeção por esquistossomas no homem.

Como insecticidas, os compostos organoestânicos têm sido muito eficazes. Os compostos de trialquilestanho, como o acetato e o hidróxido de trifenilestanho, o cloreto de tributilestanho e o dilaurato de dibutilestanho, quando aplicados na folhagem, repelem geralmente os insectos [114].

O TBTO é extremamente eficaz no controlo de bactérias em hospitais, como o *Staphylococcus aureus*. O TBTO também é utilizado para evitar odores em baldes do lixo, controlar o pé de atleta, controlar bolores nas casas de banho, controlar o bolor em artigos de couro, têxteis, plásticos e vestuário armazenado à prova de traças.

j) Agentes antitumorais

Os sucessos iniciais dos fármacos quimioterapêuticos à base de platina encorajaram a deslocação da atenção para fármacos não platinosos. O objetivo deste trabalho foi

- Para otimizar a eficácia destes medicamentos

- Para evitar os efeitos secundários graves causados pelos medicamentos quimioterapêuticos à base de platina.

Entre estes, os organoestânicos surgiram como potenciais produtos metafarmacêuticos biologicamente activos. Nos anos 80 e seguintes, Gielen publicou uma série de artigos sobre o assunto

[115]. As propriedades antitumorais dos complexos de estanho foram estabelecidas em 1929 [116].

Desde então, mais grupos de investigação têm trabalhado neste domínio e ficou bem estabelecido que os complexos organoestânicos são muito importantes na quimioterapia do cancro, devido ao seu carácter indutor de apoptose [117], enquanto nos últimos anos se tem notado que os compostos organoestânicos ocupam um lugar importante nos relatórios sobre a quimioterapia do cancro. No entanto, o mecanismo exato da ação antitumoral dos compostos organoestânicos permanece desconhecido.

## k)	Agentes leishmanicidas

A quimioterapia do leishmanicida é uma importante aplicação farmacêutica dos complexos de organoestânicos (IV), uma infeção parasitária da pele, em que o meleato de $_{Oct2Sn}(IV)^{2+}$ demonstrou uma atividade promissora. O dilurato, o diestearato, o diolato, o acetato de feniletilo e o dipalmitato de $_{Bu2Sn}(IV)^{2+}$ actuam como agentes antileihmanicidas em gatos que sofrem de dipulidiose [118].

## l)	Agentes larvicidas

Os complexos de triorganotina(IV) demonstraram actividades larvicidas significativas contra várias espécies de mosquitos [119-120]. Alguns complexos de tributilestanho foram analisados contra a fase de quarto instar larvar do mosquito *Aedes aegypti*, responsável pela transmissão da febre amarela, e foram considerados mais eficazes do que os derivados de trifenilestanho [123]. Em outro estudo, foi investigada uma série de compostos de azo-butilestanho, nomeadamente o 5-[(*E*)-2-(aril)-1-diazenil]-2-hidroxibenzoato de tributilestanho e o 2-[(*E*)- 2-(3-formil-4-hidroxifenil)-1-diazeil] benzoato de tributilestanho, que revelaram actividades moderadas e superiores [124-125].

1.8.2 Aplicações não biológicas

Os compostos organoestânicos foram inicialmente aplicados como estabilizadores de óleos de transformador (patenteados em 1932) e de plástico vinílico (patenteados em 1940 e 1943) [126]. A investigação sistemática nas décadas seguintes impulsionou as utilizações comerciais dos compostos de organoestanho, que são principalmente utilizados como catalisadores industriais numa variedade de reacções químicas e estabilizadores de calor e luz no processamento de policloreto de vinilo (PVC) [127]. Algumas das aplicações não biológicas mais importantes dos compostos organoestânicos são apresentadas de seguida:

## a)	Estabilizadores de calor

Certos tipos de óleos de transformador, PVC, poli(cloreto de vinilideno), borrachas cloradas, parafinas e plásticos modificados são impedidos pelos estabilizadores organoestânicos de sofrer degradação térmica e também são utilizados para estabilizar outros compostos não halogenados de importância industrial e comercial, como alguns óleos lubrificantes, peróxido de hidrogénio, acetato de celulose, poliamidas (nylon), policarbonatos, polietileno e polipropileno **[128]**.

b) Óleos de transformador clorados

A partir de 1932, os compostos organoestânicos são utilizados para óleos de transformador clorados. Nessa altura, o isolamento do transformador era constituído por papel e óleo mineral. A decomposição do óleo mineral em lama é causada por um grande gradiente de temperatura através do óleo gerado por flutuações de energia no transformador. A adição de estanho tetra-alquílico ou tetra-arílico evitou a decomposição oxidativa **[129]**.

c) Estabilizador de polímeros

Os polímeros de cloreto de polivinilo são polímeros muito importantes com uma vasta gama de aplicações industriais e ambientais, sendo geralmente moléculas não lineares. Para explicar a decomposição térmica do PVC, são necessários vários mecanismos **[130]**. Para a estrutura geral do polímero, que pode ser linear ou ramificada, a degradação começa num local da molécula que contém ou é adjacente a um átomo de cloro terciário ou alílico. Estes dois tipos de locais podem atuar como grupos activadores para iniciar a degradação. Uma vez libradas as primeiras moléculas de HCl, a reação propaga-se ao longo da cadeia, formando eventualmente uma cadeia longa, colorida, conjugada polieno. Começando com o modelo molecular linear do PVC, esta reação de degradação é mostrada na eq. **[131]**, onde X denota o grupo ativador.

Em ambas as estruturas de PVC, alílica e ramificada, o aquecimento resulta na libertação de HCl, que inicia a reação. A reação é então propagada ao longo da cadeia do polímero, produzindo polienos conjugados coloridos. O estabilizador organoestânico está provavelmente mais próximo de ser o composto ideal para prevenir a degradação térmica do PVC. Particularmente em produtos de PVC não plastificado, como tubagens de água e esgotos, o estabilizador organoestânico torna possível aquecer a resina de PVC à alta temperatura necessária para a moldagem.

Devido à natureza complexa das moléculas de PVC, existem quatro vias altamente prováveis de decomposição térmica. É por esta razão que é necessária a mistura de vários estabilizadores para efetuar a estabilização dos polímeros de PVC.

Os compostos organoestânicos que contêm ligações Sn-S são considerados estabilizadores térmicos muito eficazes. A este respeito, alguns mono e dialquilestanho são muito importantes para estabilizar o PVC rígido através da inibição da reação de desidrocloração. É necessário cerca de 1-1,5% da solução de estabilizador de organoestanho para controlar a desidrocloração térmica do polímero a 180-22°C. Estes compostos podem também ser utilizados para estabilizar polietileno clorado [80], silicones [81] e poliamida **[132]**.

d) Retardadores de fogo

Os compostos orgânicos e inorgânicos de estanho são promissores como retardadores de chama [133-134]. O poliestireno, o acetato de celulose e o polimetacrilato de metilo na presença de halogéneos são necessários para promover o grau de retardamento da chama.

O óxido de estanho(IV) anidro produz um melhor retardamento de chama em termóstatos de poliéster insaturado quando estão presentes halogéneos [135-136].

e) Precursor para a formação de películas de óxido de estanho sobre vidro

Muitos compostos inorgânicos e organoestânicos são depositados no vidro quente para formar um revestimento de óxido de estanho. O processo é utilizado em garrafas para reduzir a quebra na linha de produção e em janelas para formar um revestimento refletor de calor para reduzir a perda de calor [137]. Esta película também melhora a resistência do vidro e a aderência de películas lubrificantes orgânicas que melhoram a sua resistência ao desgaste.

Originalmente, o precursor utilizado para o revestimento de óxido de estanho(IV) era o cloreto de estanho(IV), mas atualmente o dicloreto de dimetilestanho está a ser utilizado com segurança na gama de temperaturas de 500600°C [138].

$$Me_2SnCl_2 + O_2 \rightarrow SnO_2 + 2MeCl$$

Este revestimento permite ultrapassar os problemas associados à utilização do óxido de estanho (IV), como a corrosão do material de vidro e do equipamento.

f) Repelente de água

Alguns compostos de organoestanho podem ser utilizados como agentes repelentes de água, especialmente o monoorganoestanho, que se reveste de grande interesse neste domínio. Estes compostos são utilizados como agentes hidrofóbicos para materiais celulósicos como a madeira, o algodão, os têxteis e a celulose, etc. Por exemplo, o monobutilo e o monooctilestanho são agentes hidrofóbicos activos na natureza [139].

g) Galvanoplastia

O sulfato de estanho (IV), o cloreto de estanho (IV), os boratos de estanho (IV) e os estanatos de sódio/potássio são os mais utilizados na galvanoplastia. Geralmente numa superfície metálica, estes são utilizados para produzir uma gama de depósitos que contêm. Outros revestimentos semelhantes, normalmente utilizados na galvanização de ligas de estanho, são o estanho-níquel, o estanho-zinco, o estanho-cobre, o tincádmio e o estanho-cobalto [140].

h)   Catalisadores homogéneos

Um catalisador homogéneo é um catalisador que se encontra na mesma fase que os reagentes. Alguns dos compostos de diorganotina são utilizados como catalisadores homogéneos. Certos compostos de dibutilestanho, como o dilaurato de dibutilestanho, o acetato de dibutilestanho, em certa medida, e o di (2-rtil-hexoato) de dibutilestanho, são utilizados como catalisadores homogéneos no fabrico de espuma de poliuretano [141] e também utilizados para vulcanizar silício à temperatura ambiente como agentes de reticulação [142]. O dioctoato de dibutilestanho e o dilaurato de dibutilestanho são normalmente utilizados para catalisar a cura de borrachas de silicone utilizadas no fabrico de impressões dentárias e no encapsulamento de peças electrónicas à temperatura ambiente.

A técnica habitual de cura de borrachas de silicone é com catalisadores de peróxido a temperaturas elevadas. A cura é uma reação de ligação cruzada e a influência dos catalisadores organoestânicos nesta reação é apresentada na eq. [143].

i)   Catalisadores de transesterificação

Uma série de compostos monoorganotínicos foi investigada como catalisador de transesterificação para a reação de propionato de butilo com metanol. Entre os compostos de organoestanho, os catalisadores mais activos são os que têm ligações halogéneas de estanho, por exemplo, tricloreto de monobutilestanho ($BuSnCl_3$), e os que são derivados de monoorganoestanho coordenadamente saturados foram menos eficazes. Verificou-se que alguns dos compostos de estanho mono (2-carboalcoxietil) sofrem uma reação de transesterificação fácil e autocatalisada com álcoois. A coordenação do grupo carbonilo do éster com o catalisador de estanho é um fator importante que influencia a sua atividade.

j)   Vantagens dos compostos organoestânicos como catalisadores

Os compostos organoestânicos têm vantagens distantes como catalisadores para reacções de esterificação. São eles;

- Elevada eficiência catalítica.

- Baixa tendência para eliminar a água dos álcoois secundários para formar olefinas.

- Capacidade de produzir ésteres incolores.

- Ausência de resíduos ácidos ou básicos nos ésteres.

- Capacidade de conferir estabilização térmica a polímeros do tipo condensação (por exemplo, poliéster).

- Capacidade de melhorar as propriedades físicas e eléctricas do produto.

Os catalisadores organoestânicos polimerizam o plastificante, o poliéster, as lactonas, as pirrolidonas e o ácido glicólico.

A atividade catalítica dos compostos organoestânicos tem sido atribuída à orbital 5d de baixa energia do átomo de estanho, que pode formar ligações coordenadas hexa e pent. Neste tipo de ligação, o estanho coordena-se com um oxigénio ou com um azoto, tornando o átomo de carbono mais suscetível de ser atacado por um reagente electrofílico, tal como um álcool, como nas reacções de uretano e de esterificação.

1.9 TOXICIDADE DOS COMPOSTOS ORGANOESTÂNICOS

Para além da avaliação da toxicidade dos estabilizadores organoestânicos comercialmente importantes presentes nos dispositivos médicos de PVC, existem muitas investigações relacionadas com a toxicidade de todos os tipos de compostos organoestânicos. A toxicidade dos derivados de organoestânicos, como o alquil e o arilestanho, é reconhecida desde há muito tempo, devido à solubilidade destes derivados de organoestânicos nos fluidos corporais. Muitas das investigações foram efectuadas em derivados de trialquil, triaril e teraalquilestanho, que são utilizados principalmente em aplicações biocidas.

O caso do garanhão, ocorrido em França em 1954, aumentou o interesse pela toxicologia dos compostos organoestânicos e resultou na morte de cerca de 100 pessoas.

O caso do garanhão foi seguido por um dos primeiros estudos de toxicidade sobre compostos organoestânicos [144], que estudou os efeitos agudos e crónicos de uma série de compostos de tetra-, tri-, di- e monoalquilestanho e alguns sais de estanho inorgânicos em ratos, coelhos e porquinhos-da-índia.

Magee e et al [145], demonstraram que os derivados do trietilestanho exercem uma poderosa ação tóxica no sistema nervoso central dos ratos. Pelikan e Cerny [146] estudaram mais recentemente a toxicidade aguda dos derivados do tri-n-butilestanho (acetato, benzoato, cloreto, lauratob e oleato) em ratos brancos. Suzuki [147] realizou estudos agudos e crónicos em ratos recém-nascidos com sulfato de tributilestanho. Pelikan [148] estudou que o óxido de bis-(tri-n-butilestanho) é um importante conservante para madeira, têxteis, papel, couro, vidro e nos olhos de coelhos albinos machos e fêmeas. Foram divididos em quatro grupos e utilizados numa proporção de 1:1.

A toxicidade do hidróxido de dibutilestanho foi estudada por Barnes e Magee [149], que mostraram que estes estabilizadores eram utilizados para plásticos que eram transformados em tubos flexíveis para conjuntos de transfusão de sangue e para o transporte de líquidos como cerveja e leite.

O mecanismo pelo qual o ADP se converte em ATP ainda não foi completamente determinado. Os estudos de Aldridge e Street [150] mostraram que os reagentes deste processo envolvem a ligação a sítios na membrana mitocondrial. Os mecanismos da reação catalítica envolvem etapas de adsorção-dessorção e, por conseguinte, a determinação da constante de equilíbrio que pode ser relacionada termodinamicamente com a energia de ligação envolvida nos processos de adsorção-dessorção. A natureza exacta da constante de equilíbrio é uma função do número de sítios de ligação envolvidos nos mecanismos de reação.

Em estudos relacionados com a inibição da oxidação da fosforilação oxidativa por compostos de trialquilestanho, Dawson e Selwyn [151] mostraram que a ordem de eficácia na inibição da respiração acoplada era

Tributilestanho> tripropilestanho> trifenilestanho> trimetilestanho.

Rose e Lock [152] utilizaram cloreto de trietilestanho radioativo (^{113}Sn) para conhecer os grupos moleculares de proteínas mitocondriais de fígado de cobaia envolvidos na ligação de compostos de trietilestanho. Coleman e Palmer [153] estudaram que a inibição da fosforilação oxidativa influencia o pH e o transporte de electrões pelo sulfato de trietilestanho. Com mitocôndrias de fígado de rato, num meio de ensaio contendo Cl- a um pH alcalino, acima de 7,1, o trietilestanho inibiu tanto a taxa de captação de oxigénio estimulada pelo ADP como a ATPase induzida pelo dinitrofenol, mas não teve efeito na taxa de captação de oxigénio estimulada pelo dinitrofenol. Se o pH for reduzido para menos de 6,9, o padrão de inibição muda e tanto a taxa de absorção de oxigénio estimulada pelo ADP como pelo dinitrofenol são inibidas pelo trietilestanho.

Na ausência de Cl- no meio, o trietilestanho inibiu a taxa de consumo de oxigénio estimulada pelo ADP e a ATPase induzida pelo dinitrofenol, e não teve qualquer efeito na taxa de consumo de oxigénio estimulada pelo dinitrofenol a pH 7,4 ou 6,6. Na presença ou ausência de Cl-, a capacidade do trietilestanho para inibir a síntese de ATP parece diminuir acentuadamente à medida que o pH é reduzido de 7,4 para 6,6.

Cremer [154] realizou estudos in vivo sobre a inibição selectiva da oxidação da glicose pelo sulfato de trietilestanho no cérebro do rato. Foram utilizados marcadores $^{de\,(14)}$C para estudar o metabolismo da glicose e do acetato após injeção intraperitoneal de sulfato de trietilestanho, 10mg/ kg de peso corporal. A incorporação de ^{14}C da glicose no glutamato, na glutamina, no a-amino butirato e no aspirato diminuiu consideravelmente, mas não foi afetada pela incorporação de ^{14}C do acetato neste aminoácido. Os dados experimentais mostraram que a taxa de oxidação do piruvato diminuiu com o tributilestanho e que a glicólise não foi inibida. As alterações no metabolismo da glucose no cérebro foram diretamente devidas à hipotermia. Joo et al [148], num estudo semelhante, demonstraram que o envenenamento por tributilestanho em ratos resultou num aumento da permeabilidade da barreira hemato-encefálica. Foi indicado que o padrão das proteínas solúveis do cérebro sofreu alterações claras devido ao aumento da permeabilidade, por um lado, e/ou a perturbações metabólicas da substância cerebral, por outro.

CAPÍTULO 2 TÉCNICAS DE ELUCIDAÇÃO DE ESTRUTURAS

2.1 ANÁLISE ELEMENTAR

Os compostos químicos possuem muitos elementos, e a análise dos elementos presentes num composto é um aspeto importante da caraterização química na ciência dos materiais, produtos naturais, produtos farmacêuticos, síntese orgânica e inorgânica, etc.

Para se ter uma ideia da composição dos compostos orgânicos, procede-se à análise elementar do azoto total, do carbono, do hidrogénio e do enxofre. O princípio básico da análise elementar é que uma quantidade conhecida de um composto orgânico é queimada em excesso de oxigénio, de modo a que os elementos presentes no composto sejam convertidos nos seus óxidos correspondentes, como o C em CO_2, o H em H_2O, o N em NO_2 e o S em SO_2. Os óxidos formados são absorvidos em absorventes adequados. Os pesos dos óxidos absorvidos são determinados a partir do peso do absorvente e, utilizando este peso, calcula-se a percentagem dos elementos. A fórmula empírica é então deduzida da composição percentual. Utilizando o analisador CHNS, determina-se o carbono, o azoto, o hidrogénio e o enxofre totais do composto.

2.2 ESPECTROSCOPIA DE INFRAVERMELHOS

É muito útil para a caraterização de diferentes complexos, uma vez que a região do infravermelho se situa imediatamente no lado de baixa energia do visível. Os compostos organoestânicos podem ser melhor caracterizados na gama espetral de 4000-250 cm^{-1}. A maioria dos complexos organoestânicos pode ser caracterizada por

•   Identificação de vários compostos por comparação dos espectros dos produtos e dos precursores.

•   Verificação da presença de grupos funcionais em moléculas conhecidas.

Para além disso, o infravermelho também pode ser utilizado para distinguir entre diferentes conformações nas moléculas. A complexidade dos espectros de infravermelhos na região de 1450-600 cm^{-1} torna difícil a atribuição de todas as bandas de absorção e, devido aos padrões únicos aí encontrados, é frequentemente designada por região de impressões digitais. Devido à vibração de estiramento das unidades diatómicas, são atribuídas bandas de absorção na região de 4000 a 1450 cm^{-1}, sendo esta frequentemente designada por região de frequência de grupo.

As frequências vibracionais importantes para os compostos organoestânicos foram tabeladas por Omae e Harrison [155-156]. A massa do elemento, a natureza do ligando, a natureza dos substituintes ou qualquer outro elemento envolvido na coordenação afectam a posição da banda.

Por exemplo, ocorre a diminuição da energia necessária para a vibração Sn-X no halogeneto de estanilo (SnH3X), como se indica a seguir:

Cl (1948 cm^{-1})> Br (1928 cm^{-1})> I (1905 cm^{-1})

Os espectros de infravermelhos dos complexos de organoestanho(IV) dão-nos informações importantes sobre os compostos no estado sólido [157]. A espetroscopia de infravermelhos pode ser utilizada com sucesso para distinguir e identificar complexos de organoestanho através de uma comparação entre os espectros dos complexos e dos seus precursores. Quando a vibração associada ao grupo OH do ligando está ausente nos espectros de infravermelhos dos complexos, pode mostrar que os grupos SnR ou SnR2 estão ligados através do grupo carbonilo dos ligandos [158-161].

Uma banda de intensidade média a forte foi atribuída a v(Sn-C) na gama de 500-600 cm^{-1} para uma série de tiofenos-2-ácido caboxílico [158]. A ocorrência de duas frequências para a vibração de estiramento Sn-C nos complexos indica a configuração trans não linear dos grupos alquilo em torno do estanho (IV). A presença da banda na região de 300-400 cm^{-1} mostra a coordenação do enxofre com o estanho(IV). Por outro lado, a presença de uma banda vibracional v(Sn-O) na gama especificada de 410-490 cm^{-1}indica a coordenação do estanho(IV) a partir do oxigénio do carboxilato [162-164]. A banda vibracional v(Sn-N) aparece na gama de 470-495 cm^{-1} [165].

Existem diferentes factores que afectam os espectros de posição da banda.

2.2.1 Mass Effect

As posições das bandas são afectadas pela massa do elemento. A frequência de IV desloca-se para valores mais baixos quando a massa do elemento aumenta. A frequência de estiramento Sn-H ocorre na gama de 1820-1920 cm^{-1}, para os elementos da primeira fila (C, N, O, F) as vibrações de estiramento observam-se na gama de 500-600 cm^{-1} e para os elementos da 2nd fila (P, Si. S, Cl) ocorrem na gama de 300-380 cm^{-1}. No entanto, o deslocamento das bandas pode ser modificado pelo efeito da natureza do ligando ou da natureza dos substituintes ligados ao átomo de estanho.

2.2.2 Efeito da temperatura

A temperatura pode afetar a posição da banda e depende da natureza do composto. Os sólidos que se apresentam como moléculas independentes ou pequenos agregados muito fracamente ligados são independentes da temperatura e do estado físico do composto. No entanto, os compostos com redes fortes, por exemplo, Me2SnCl2, indicam uma mudança de frequência acentuada. Um efeito inverso está presente em ambas as vibrações simétricas e assimétricas de Sn-X destes compostos. A frequência diminui com o aumento da temperatura, enquanto o modo C-H se desloca para a direção oposta [119].

2.3 ESPECTROSCOPIA NMR

Nos últimos cinquenta anos, a espetroscopia de ressonância magnética nuclear é uma das ferramentas mais poderosas e precisas que fornecem informações sobre a estrutura dos compostos, as alterações que ocorrem na reação química, o mecanismo da reação, as forças intra e inter moleculares, etc. ^{1}H, ^{13}C e ^{119}Sn. Coletivamente, as análises por RMN fornecem informações muito valiosas e é por isso que são utilizadas para a caraterização de compostos organoestânicos.

2.3.1 Espectroscopia de RMN de ^{1}H

A RMN de ^{1}H é uma das técnicas importantes que pode ser utilizada para fornecer informações sobre a hibridação do átomo de estanho em compostos de organoestanho [156]. Foi estudado que o valor das constantes de acoplamento ^{2}J [^{119}Sn, ^{1}H] estão associadas à hibridação do átomo de estanho em compostos de organoestanho e são medidas da percentagem do carácter s na ligação Sn-C [166]. A ligação Sn-C em arranjos tetraédricos, trigonais bipiramidais e octaédricos no átomo de estanho passa por diferentes hibridizações. Um aumento da participação do eletrão s (carácter s) na ligação Sn-C provoca um aumento dos valores das constantes de acoplamento, ^{2}J [^{119}Sn, ^{1}H] [123-124]. As constantes de acoplamento, ^{2}J [^{119}Sn, ^{1}H] fornecem uma sonda efetivamente informativa para a avaliação da coordenação do estanho [167].

Quando o átomo de estanho está ligado a grupos com eletronegatividade diferente, é induzida a re-hibridação do átomo de estanho. As orbitais híbridas dos restantes elementos Sn- são induzidas pelo grupo mais eletronegativo [168].

O carácter s na ligação Sn-C está relacionado com o contacto de Fermi que domina o mecanismo de acoplamento spin-spin entre um protão e os núcleos de estanho. Nos compostos de metil-estanho, o acoplamento indireto protão-estanho pode ser utilizado para prever a hibridação da ligação do átomo de estanho [169]. Os valores observados $^{de\,(2)}J$ [^{119}Sn, ^{1}H] são utilizados para determinar o ângulo de ligação Me-Sn-Me utilizando as equações de Lockhart [170].

Os parâmetros de acoplamento J podem ser facilmente medidos em solução, enquanto que θ pode ser calculado é utilizado para solventes não coordenados.

$$\theta = 0.0161 \; [^{2}J]2 - 1.32[^{2}J] + 133.4 \;\text{(a)}$$

No caso dos solventes de coordenação, é utilizada a seguinte equação.

$$\theta = 0.01.5 \; [^{2}J]\,2 - 0.799 \; [^{2}J] + 122.4 \;\text{(b)}$$

Do mesmo modo, ao substituir o valor de θ na equação de Lockhart (c), pode calcular-se ^{1}J[^{119}Sn, ^{13}C]:

$$^1J\,[^{119}Sn,\,^{13}C] = 11.4\theta - 875 \text{ (c)}$$

2.3.2 Espectroscopia de RMN de ^{13}C

Juntamente com a espetroscopia de RMN de ^{1}H e ^{119}Sn, a RMN $^{de\,(13)}$CN tem sido utilizada com êxito para a determinação estrutural de compostos organoestânicos. É possível obter informações completas através da medição de deslocações químicas e constantes de acoplamento.

O desvio químico depende dos quatro factores seguintes.

- Posição do átomo de carbono em grupos alquilo ou arilo [171].

- Outros substituintes ligados ao átomo de estanho.

- Número de coordenação do estanho.

- Capacidade doadora dos solventes.

Os principais factores que afectam o deslocamento químico são:

- Eletronegatividade dos grupos ligados ao átomo de estanho.

- Distorções geométricas que modificam os ângulos de inter-ligação no estanho [172].

- Efeitos das correntes em anel.

- Campo elétrico local.

- Polarização do ligando.

Assim, o valor de $^1J\,[^{119}Sn,\,^{13}C]$ diminui de acordo com o seguinte padrão: Me2SnCl2; 468 Hz, Me3SnCl: 380 Hz, Me4Sn; 338 Hz. No Me4Sn, cada ligação é formada devido à orbital híbrida sp^3. No Me3SnCl e no Me2SnCl2, o estanho dá uma contribuição p melhorada para as ligações polares Sn-Cl e as restantes ligações Sn-C têm um carácter s melhorado e transmitem a polarização de spin pelo mecanismo de Fermi, aumentando $^1J\,[^{119}Sn\text{-}^{13}C]$ [173].

As constantes de acoplamento estão relacionadas, através de um termo de contacto de Fermi, com a densidade de electrões s na ligação. A magnitude das constantes de acoplamento pode ser utilizada para correlacionar as distribuições de electrões, o carácter de ligação e a estrutura dos complexos.

Tanto as constantes de acoplamento $^1J\,[^{119}Sn,\,^{13}C]$ como $^2J\,[^{119}Sn,^{1}H]$ podem ajudar a medir as alterações da distribuição de electrões nas ligações estanho-carbono e são sensíveis a ligeiras variações nos ângulos de ligação, distâncias de ligação e polimorfismo [173]. Os desvios químicos aumentam geralmente com o número de coordenação do estanho [174]. Com base nas constantes de acoplamento, Kockhart $et.al.,$ [128], propuseram uma relação entre $^1J\,[^{119}Sn,\,^{13}C]$ e o ângulo de ligação Me-Sn-Me:

$$[^1J\,(^{119}Sn,\,^{13}C)] = 11.4\theta - 875 \ (d)$$

Esta relação é muito útil para estimar a geometria da ligação de compostos de metilestanho(IV) não caracterizados. No entanto, Holecek *et.al.* **[175]** propuseram duas relações para a determinação estrutural de compostos de n-butilo e fenilestanho(IV).

$$^1J\,(^{119}Sn,\,^{13}C) = [(9.99 \pm 0.73)\,\theta] - [746 \pm 100] \ (e)$$
$$^1J\,(^{119}Sn,\,^{13}C) = [(15.56 \pm 0.84)\,\theta] - [1160 \pm 101] \ (f)$$

Provaram também que a constante de acoplamento $^1J\,[^{119}Sn,\,^{13}C]$ depende do ângulo de ligação C-Sn-C e da disposição geométrica dos ligandos (cis / trans).

CAPÍTULO 3 EXPERIMENTAL

3.1 QUÍMICA

Os produtos químicos utilizados no processo de síntese foram adquiridos à Aldrich e à Fluka e são altamente puros. Os sais de cloreto de organoestanho(IV) utilizados foram adquiridos à empresa química Aldrich.

3.2 SOLVENTES

Os solventes como o metanol, o etanol, o tolueno, o clorofórmio, o n-hexano, o DMSO e o éter de petróleo de grau analítico foram adquiridos à E-Merck. Os solventes utilizados foram secos segundo o procedimento padrão [176].

3.3 INSTRUMENTAÇÃO

O ponto de fusão dos ligandos e dos seus complexos foi determinado por um aparelho eletrotérmico de ponto de fusão modelo MP-D Mitamura Riken Kogyo (Japão) em tubo capilar. Os espectros de infravermelhos foram registados utilizando um disco de KBr no Perken Elmer spectrum 1000 (EUA) na gama de 4000-250 cm^{-1}. ^{1}H-NMR e ^{13}C-NMR foram registados em clorofórmio no Bruker AC 300 digital NMR.

$$^{1}\text{H-NMR} = 300\text{MHZ}, B = 7.0463\text{T}$$
$$^{13}\text{C-NMR} = 75.432\text{MHZ}, B = 7.0463\text{T}$$

3.4 SÍNTESE DE LIGANDOS DE BASES DE SCHIFF

Todas as bases de Schiff sintetizadas pela condensação de Aldeído com amina em tolueno/etanol foram refluxadas durante 6-9 horas e a água formada durante as reacções foi recolhida através de um aparelho Deane-Stark e a mistura reacional foi mantida para cristalização.

3.4.1 Síntese do 3-[(*7H-Purina-6-ilimino*)-metil]-*1H-indol-2-ol* (SR1)

O ligando de base de Schiff foi preparado tomando a adenina e o 2-hidroxil-1H-indol-3-carboxaldeído em tolueno e deitando-o num balão de fundo redondo de dois tubos equipado com um condensador de refluxo e um funil Deane-Stark. A mistura reacional foi aquecida sob refluxo durante 8 horas. A água formada durante a reação foi removida através do funil de Deane-Stark. O solvente foi removido sob pressão reduzida. O sólido branco resultante foi recristalizado a partir de clorofórmio.

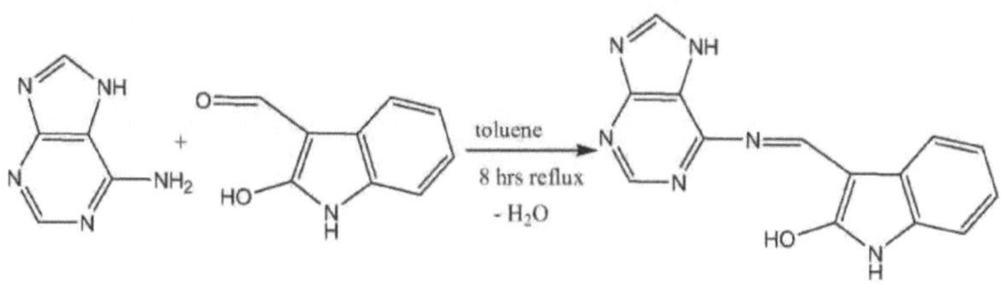

3.4.2 Síntese do 4-[(*7H-Purina-6-ilimino*)-metil]-fenol (SR2)

O ligando de base de Schiff foi preparado a partir de adenina e para-hidroxil benzaldeído em etanol e vertido num balão de fundo redondo de três gargalos equipado com um condensador de refluxo, um termómetro e um funil Deane-Stark. A mistura reacional foi aquecida sob refluxo durante 6 horas. A água formada durante a reação foi removida através do funil de Deane-Stark. O solvente foi removido sob pressão reduzida. O sólido branco resultante foi recristalizado a partir de clorofórmio.

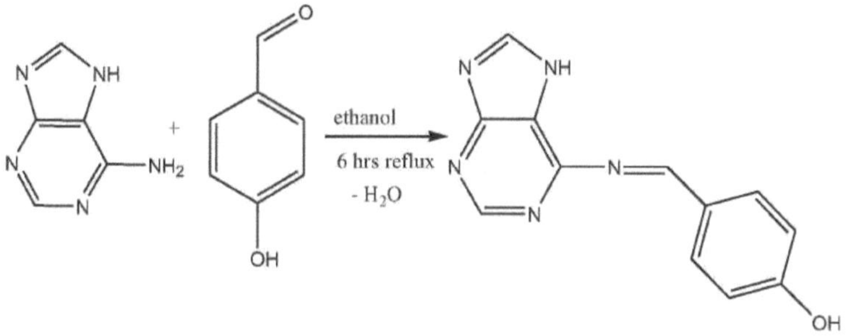

3.5 SÍNTESE DE COMPLEXOS

A razão molar de ligando e trietilamina foi refluxada em tolueno / metanol durante 1-2 horas, e depois o sal de estanho correspondente foi adicionado à solução metanólica quente do ligando. A mistura reacional foi refluxada durante 6-11 horas e, em seguida, a mistura reacional foi arrefecida durante a noite, tendo-se formado cristais de ião cloreto de trietilamónio em forma de agulha. Evaporar o solvente sob pressão reduzida e o produto sólido foi recristalizado a partir de clorofórmio.

3.5.1 Síntese da *N*-((2-(trimetilestannyloxy)-*1H-indol-3-il*)metileno)-*7H*- purin-6-amina (SR4R1)

À solução metanólica quente do ligando (3-[(*7H-Purina-6-ilimino*)-metil]-*1H-indol-2-ol*) foi adicionada trietilamina, com agitação constante, após 2 horas de refluxo, foi adicionado cloreto de trimetilestanho(IV) numa proporção molar. A mistura reacional foi mantida em refluxo durante 9-11 horas. A quantidade exacta de solvente foi removida sob pressão reduzida. O produto resultante foi recristalizado a partir de clorofórmio.

3.5.2 Síntese da *N*-((2-(trietilestannyloxy)-*1H-indol-3-il*)metileno)-7H-purina-6-amina (SR1R2)

À solução metanólica quente do ligando (3-[(*7H-Purina-6-ilimino*)-metil]-*1H-indol-2-ol*) foi adicionada trietilamina, com agitação constante, após 2 horas de refluxo, foi adicionado cloreto de trietilestanho(IV) numa proporção molar. A mistura reacional foi mantida em refluxo durante 9-11 horas. A quantidade de solvente foi removida sob pressão reduzida. O produto resultante foi recristalizado a partir de clorofórmio.

3.5.3 Síntese da *N*-((2-(tributilestannyloxi)-*1H-indol-3-il*)metileno)-7H-purina-6-amina (SR1R3)

À solução metanólica quente do ligando (3-[(*7H-Purina-6-ilimino*)-metil]-*1H-indol-2-ol*) foi adicionada trietilamina, com agitação constante, após 2 horas de refluxo, tendo sido adicionado cloreto de tributilestanho(IV) numa proporção molar. A mistura reacional foi mantida em refluxo durante 9-11 horas. A quantidade de solvente foi removida sob pressão reduzida. O produto resultante foi recristalizado a partir de clorofórmio.

3.5.4 Síntese da *N*-((2-(tripenilestannyloxy)-*1H-indol-3-il*)metileno)-7H-purina-6-amina (SR1R4)

À solução metanólica quente do ligando (3-[(*7H-Purina-6-ilimino*)-metil]-*1H-indol-2-ol*) foi adicionada trietilamina, com agitação constante, após 2 horas de refluxo, foi adicionado cloreto de trifenilestanho(IV) numa proporção molar. A mistura reacional foi mantida em refluxo durante 9-11 horas. A quantidade de solvente foi removida sob pressão reduzida. O produto resultante foi recristalizado a partir de clorofórmio.

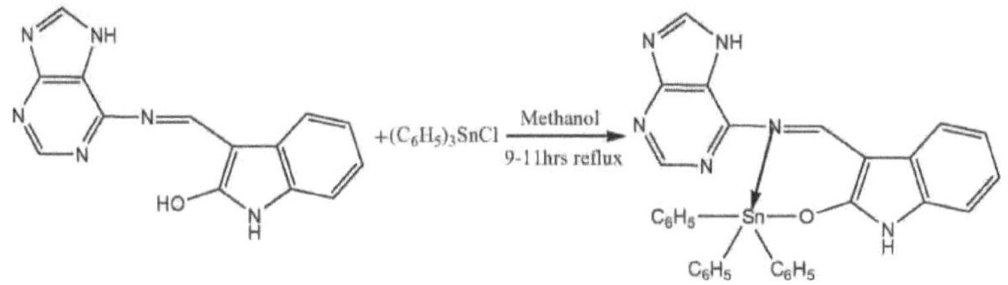

3.5.5 Síntese da *N*-((2-(tribenzilestannyloxi)-*1H-indol-3-il*)metileno)-*7H*- purin-6-amina (SR1R5)

À solução metanólica quente do ligando (3-[(*7H-Purina-6-ilimino*)-metil]-*1H-indol-2-ol*) foi adicionada trietilamina, com agitação constante, após 2 horas de refluxo, foi adicionado cloreto de tribenzilestanho(IV) numa proporção molar. A mistura reacional foi mantida em refluxo durante 9-11 horas. A quantidade de solvente foi removida sob pressão reduzida. O produto resultante foi recristalizado a partir de clorofórmio.

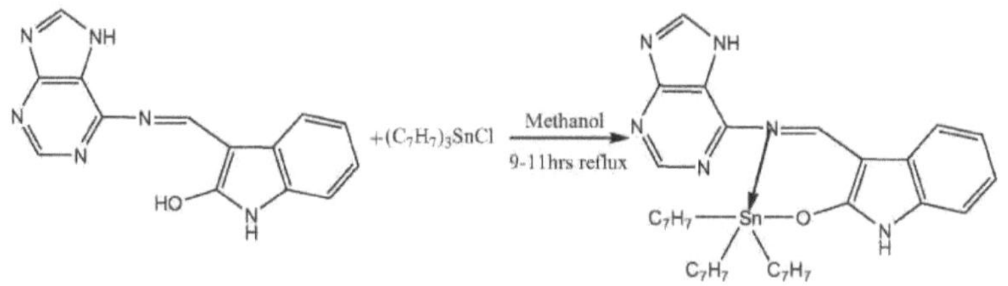

3.5.6 Síntese da *N*-(4-(trimetilestannyloxy)benzilideno)-7H-purina-6-amina (SR2R1)

À solução metanólica do ligando adicionou-se cloreto de trimetilestanho(IV) numa proporção de 1:1. A mistura reacional foi submetida a refluxo durante 6-8 horas e a mistura reacional foi mantida durante a noite para arrefecimento. Formou-se um cristal em forma de agulha e filtrou-se a mistura reacional, deixando o filtrado para evaporação. O produto foi recristalizado a partir de clorofórmio.

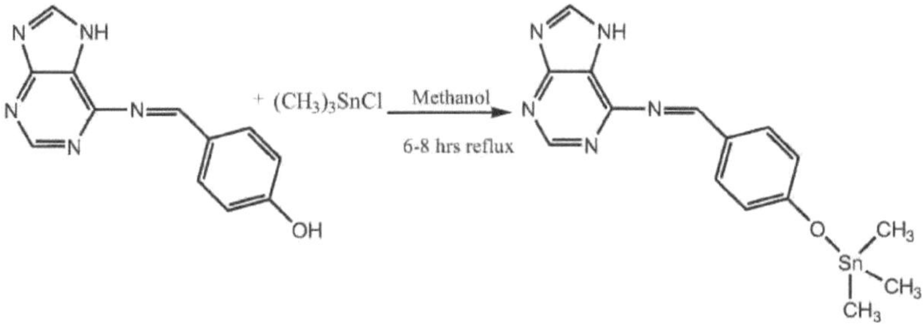

3.5.7 Síntese da *N*-(4-(trietilestannyloxy)benzilideno)-7H-purina-6-amina (SR2R2)

À solução metanólica do ligando adicionou-se cloreto de trietilestanho(IV) numa proporção de 1:1. A mistura reacional foi submetida a refluxo durante 6-8 horas e a mistura reacional foi mantida durante a noite para arrefecimento. Formou-se um cristal em forma de agulha e filtrou-se a mistura reacional, deixando o filtrado para evaporação. O produto foi recristalizado a partir de clorofórmio.

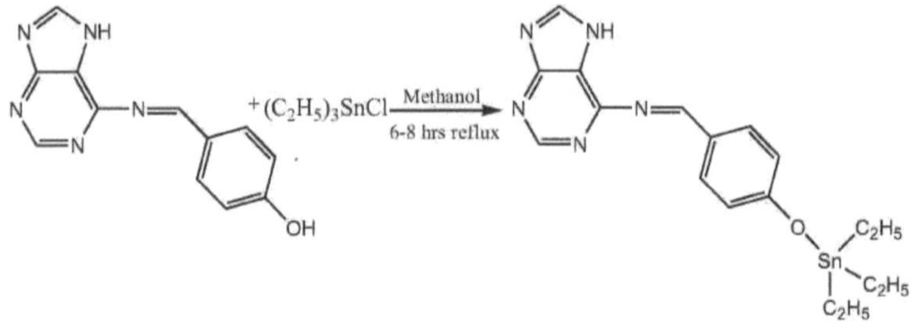

3.5.8 Síntese da *N*-(4-(tributilestannyloxi)benzilideno)-7H-purina-6-amina (SR2R3)

À solução metanólica do ligando adicionou-se cloreto de tributilestanho(IV) numa proporção de 1:1. A mistura reacional foi submetida a refluxo durante 6-8 horas e a mistura reacional foi mantida para arrefecimento durante a noite. Formou-se um cristal em forma de agulha, filtrou-se a mistura reacional e deixou-se o filtrado para evaporação. O produto foi recristalizado a partir de clorofórmio.

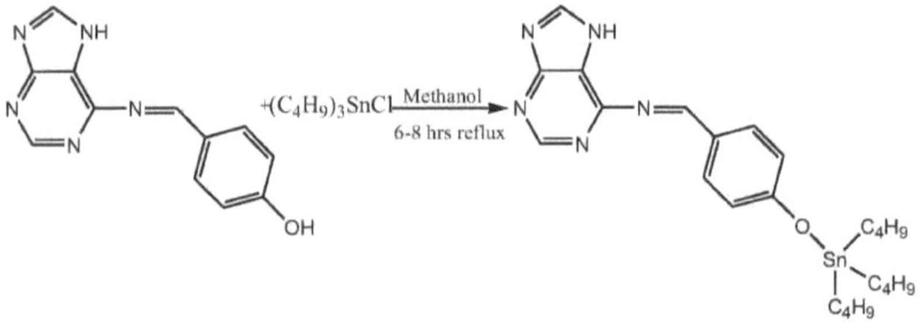

3.5.9 Síntese da *N*-(4-(trifenilestannyloxy)benzilideno)-*7H-purina-6-amina* (SR2R4)

À solução metanólica do ligando adicionou-se cloreto de trifenilestanho(IV) numa proporção de 1:1. A mistura reacional foi mantida em refluxo durante 6-8 horas e a mistura reacional foi mantida para arrefecimento durante a noite. Formou-se um cristal em forma de agulha e filtrou-se a mistura reacional, deixando o filtrado para evaporação. O produto foi recristalizado a partir de clorofórmio.

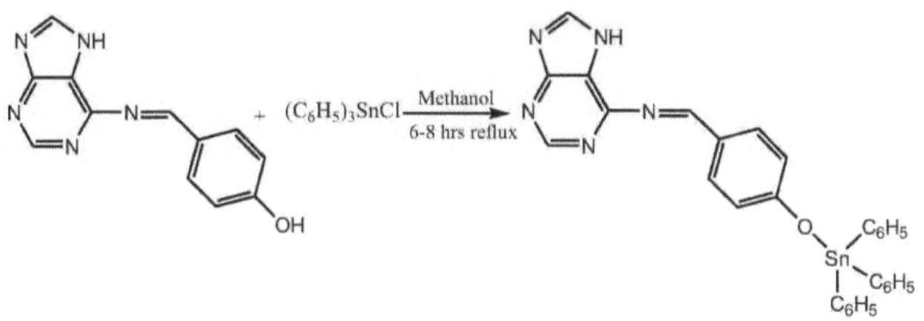

3.5.10   Síntese da *N*-(4-(tribenzilestannyloxi)benzilideno)-*7H-purina-6-amina* (SR2R5)

À solução metanólica do ligando adicionou-se cloreto de tribenzilestanho(IV) numa proporção de 1:1. A mistura reacional foi submetida a refluxo durante 6-8 horas e a mistura reacional foi mantida durante a noite para arrefecimento. Formou-se um cristal em forma de agulha e filtrou-se a mistura reacional, deixando o filtrado para evaporação. O produto foi recristalizado a partir de clorofórmio.

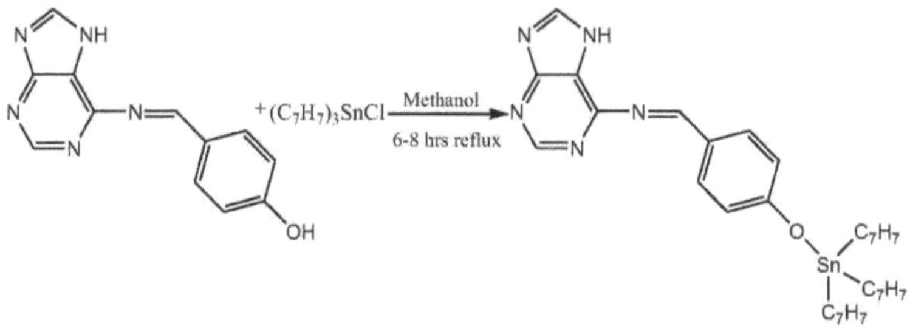

CAPÍTULO 4 RESULTADOS E DISCUSSÃO

4.1 Propriedades físicas

As bases de Schiff foram sintetizadas a partir da condensação de aldeídos aromáticos e aminas. Estas bases de Schiff são 3-[(*7H-Purin-6-ylimino*)-metil]-*1H-* indol-2-ol e 4-[(*7H-Purin-6-ylimino*) methyl]-phenol. Estes foram caracterizados por diferentes técnicas, como ponto de fusão, análise elementar, espetroscopia de infravermelhos, espetroscopia ^{de} $^{(1)}$H e ^{13}C. O nome e as fórmulas estruturais das bases de Schiff sintetizadas são apresentados na Tabela (4.1). Todas as bases de Schiff sintetizadas eram coloridas e algumas das propriedades físicas são apresentadas na Tabela (4.2).

As bases de Schiff sintetizadas foram tratadas com a quantidade estequiométrica dos sais metálicos correspondentes em metanol anidro e a cor dos complexos sintetizados é branca. O nome e as fórmulas estruturais dos complexos sintetizados são apresentados na tabela (4.3). Todos os complexos sintetizados eram transparentes e alguns dos seus dados físicos são apresentados na tabela (4.4). Toda a base de Schiff sintetizada e os complexos eram solúveis em clorofórmio e recristalizados a partir de clorofórmio. Todos os complexos foram caracterizados pelas mesmas técnicas que as bases de Schiff.

4.2 Ponto de fusão

Os pontos de fusão da base de Schiff sintetizada e dos seus complexos foram determinados por um aparelho de ponto de fusão eletrotérmico modelo MP-D Mitamura Riken Kogyo (Japão) em tubo capilar. O ponto de fusão da base de Schiff varia entre 131139°C e os dos complexos variam entre 182-243°C. Os pontos de fusão da base de Schiff e dos seus complexos foram apresentados nas respectivas tabelas.

Tabela 4.1 Nome e fórmula estrutural dos ligandos

S.No	Code	Name	Structural formula
1	SR1	3-[(7H-Purin-6-ylimino)-methyl]-1H-indol-2-ol	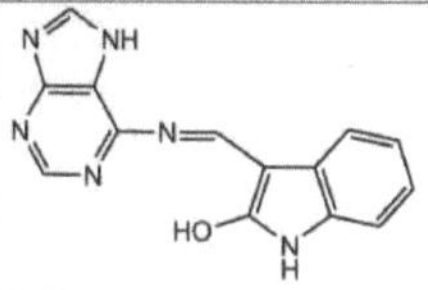
2	SR2	4-[(7H-Purin-6-ylimino)-methyl]-phenol	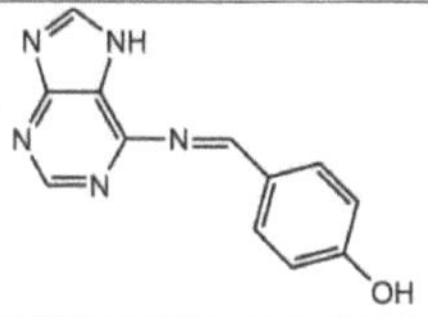

Tabela 4.2 Dados físicos dos ligandos

Code	Compound	State	Color	Mol. Wt (g/mol)	Melting Point (°C)	Yield
SR1	$C_{14}H_{10}N_6O$	Solid	Yellow	278	138-139	84
SR2	$C_{12}H_9N_5O$	Solid	Light Yellow	239	131-133	87

Tabela 4.3 Nome e fórmula estrutural dos complexos

S.No	Code	Name of complexes	Structural formula
1	SR1R 1	*N*-((2-(trimethylstannyloxy)-1*H*-indol-3-yl)methylene)-7*H*-purin-6-amine	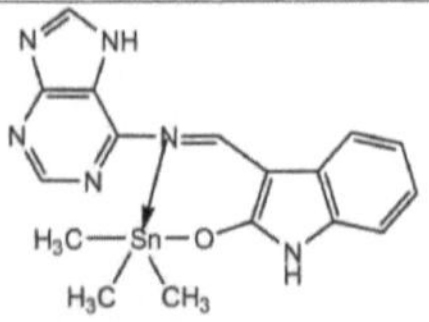
2	SR1R 2	*N*-((2-(triethylstannyloxy)-1*H*-indol-3-yl)methylene)-7*H*-purin-6-amine	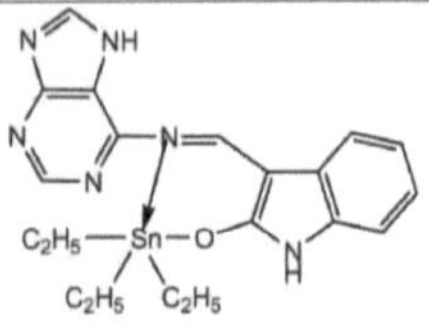
3	SR1R 3	*N*-((2-(tributylstannyloxy)-1*H*-indol-3-yl)methylene)-7*H*-purin-6-amine	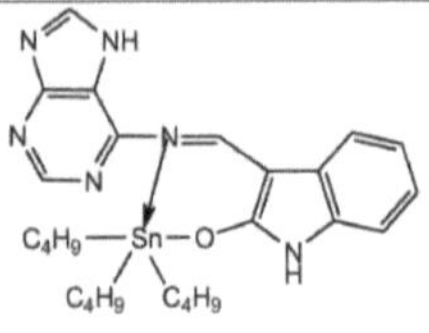
4	SR1R 4	*N*-((2-(tripenylstannyloxy)-1*H*-indol-3-yl)methylene)-7*H*-purin-6-amine	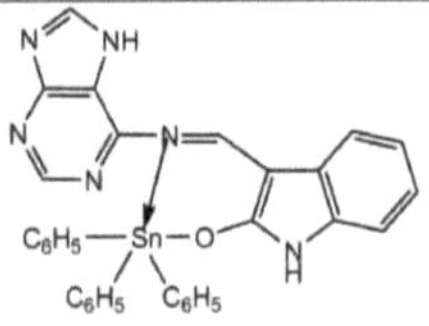
5	SR1R 5	*N*-((2-(tribenzylstannyloxy)-1*H*-indol-3-yl)methylene)-7*H*-purin-6-amine	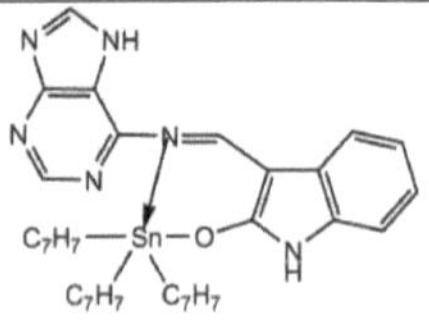

6	SR2R1	*N*-(4(trimethylstannyloxy) benzylidene)-7*H*-purin-6-amine	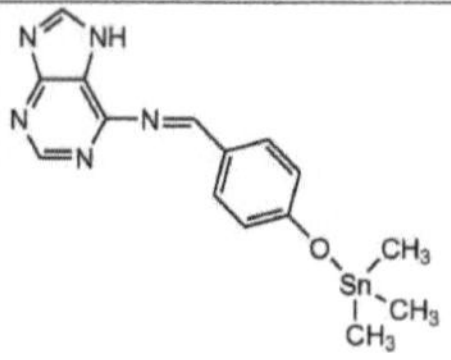
7	SR2R2	*N*-(4(triethylstannyloxy) benzylidene)-7*H*-purin-6-amine	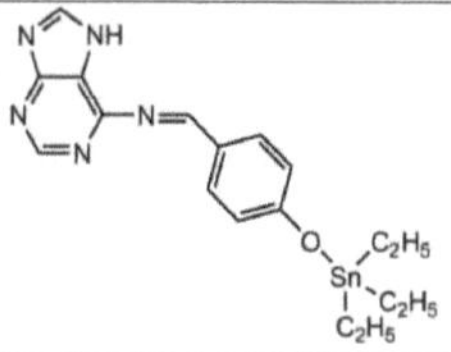
8	SR2R3	*N*-(4(tributylstannyloxy) benzylidene)-7*H*-purin-6-amine	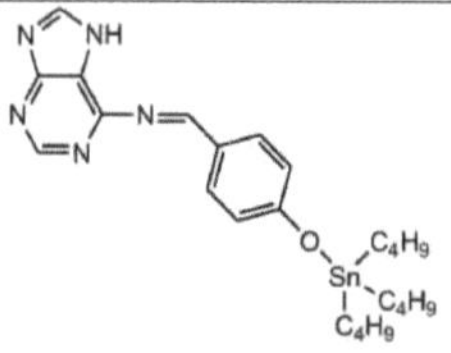
9	SR2R4	*N*-(4(triphenylstannyloxy) benzylidene)-7*H*-purin-6-amine	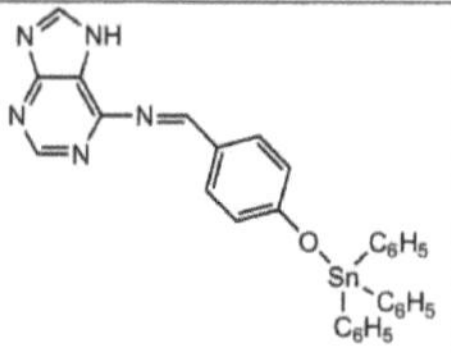
10	SR2R5	*N*-(4(tribenzylstannyloxy) benzylidene)-7*H*-purin-6-amine	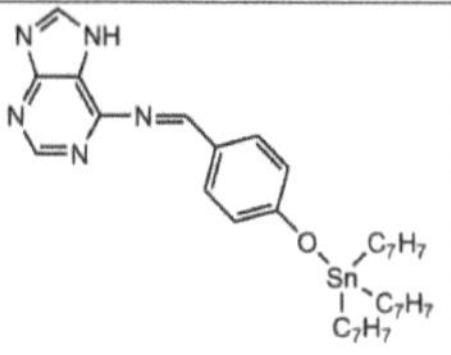

Tabela 4.4 Dados físicos dos complexos

Code	Compound	State	Color	Mol. Wt (g/mol)	Melting Point (°C)	Yield
SR1R1	$C_{17}H_{18}N_6OSn$	Solid	White	442	198-199	92
SR1R2	$C_{20}H_{24}N_6OSn$	Solid	White	483	190-191	94
SR1R3	$C_{26}H_{36}N_6OSn$	Solid	White	567	210-211	86
SR1R4	$C_{32}H_{24}N_6OSn$	Solid	White	627	242-243	84
SR1R5	$C_{35}H_{30}N_6OSn$	Solid	White	669	219-220	85
SR2R1	$C_{15}H_{17}N_5OSn$	Solid	White	402	191-192	82
SR2R2	$C_{18}H_{23}N_5OSn$	Solid	White	444	182-183	75
SR2R3	$C_{24}H_{35}N_5OSn$	Solid	White	528	198-199	80
SR2R4	$C_{30}H_{23}N_5OSn$	Solid	White	588	228-229	78
SR2R5	$C_{33}H_{29}N_5OSn$	Solid	White	630	203-204	83

4.3 Análise elementar

A análise elementar do azoto total, do carbono, do enxofre e do hidrogénio num composto é realizada para se ter uma ideia da composição da matéria orgânica. O carbono total, o azoto, o hidrogénio e o enxofre no composto são determinados utilizando o analisador CHNS. As análises elementares dos ligandos são apresentadas na Tabela (4.5) e as dos complexos na Tabela (4.6).

Tabela 4.5 Análise elementar dos ligandos

Code	C		H		N	
	Found	Calculated	Found	Calculated	Found	Calculated
SR1	60.38	60.43	3.58	3.62	30.18	30.20
SR2	60.21	60.25	3.75	3.79	29.24	29.27

Tabela 4.6 Análise elementar dos complexos

Code	C		H		N		Sn	
	Found Calc		Found Calc		Found Calc		Found Calc	
SR1R1	46.26	46.29	4.09	4.11	19.00	19.05	26.88	26.91
SR1R2	49.69	49.72	4.97	5.01	17.37	17.39	24.54	24.57
SR1R3	55.01	55.05	6.37	6.40	14.79	14.81	20.89	20.92
SR1R4	61.23	61.27	3.81	3.86	13.37	13.40	18.88	18.92
SR1R5	62.77	62.80	4.49	4.52	12.53	12.56	17.68	17.73
SR2R1	44.79	44.81	4.22	4.26	17.40	17.42	29.49	29.53
SR2R2	48.64	48.68	5.17	5.22	15.73	15.77	26.69	26.73
SR2R3	54.51	54.57	6.67	6.68	13.23	13.26	22.45	22.47
SR2R4	61.20	61.25	3.87	3.94	11.89	11.91	20.13	20.18
SR2R5	62.86	62.88	4.59	4.64	11.07	11.11	18.78	18.83

4.4 Espectroscopia de infravermelhos

Os espectros de infravermelhos da base de Schiff foram registados na gama de 500-4000 cm^{-1} e os dos complexos na gama de 250-4000 cm^{-1} e as bandas importantes para os diferentes grupos funcionais são apresentadas nas respectivas tabelas. As bandas O-H, C=N, C-O, C-Sn e Sn-O são de importância primordial.

Nos espectros de infravermelhos do ligando, observa-se uma banda forte na região de 3285 cm^{-1}, atribuível à vibração O-H. Esta banda está totalmente ausente nos espectros dos complexos resultantes, o que mostra claramente que o oxigénio do grupo hidroxilo está envolvido na complexação. A banda forte a 1565-1625 cm^{-1} nos espectros do ligando aos complexos é atribuída a v C=N, o que confirma a formação de bases de Schiff. Enquanto as bandas fracas a médias na região 473-487 cm^{-1} são atribuídas ao Sn-C, as da região 510-573 cm^{-1} ao Sn-O [177-178]. A presença de uma banda vibracional v(Sn-O) na região de 410-490 cm^{-1} mostra que o estanho foi coordenado ao oxigénio fenólico do ligando.

Tabela 4.7 Dados de IV dos ligandos

Code	Name	O-H	C-H	C-O	N-H	C=N
SR1	3-[(7*H*-Purin-6-ylimino)-methyl]-1*H*-indol-2-ol	3255	3336	1239	2898	1573
SR2	4-[(7*H*-Purin-6-ylimino)-methyl]-phenol	3285	3330	1234	2895	1565

Tabela 4.8 Dados de IV dos complexos

Code	Name of complexes	C-H	N-H	C=N	Sn-C	Sn-O
SR1R1	*N*-((2-(trimethylstannyloxy)-1*H*-indol-3-yl)methylene)-7*H*-purin-6-amine	3077	3189	1567	473	513
SR1R2	*N*-((2-(triethylstannyloxy)-1*H*-indol-3-yl)methylene)-7*H*-purin-6-amine	3081	3187	1564	478	527
SR1R3	*N*-((2-(tributylstannyloxy)-1*H*-indol-3-yl)methylene)-7*H*-purin-6-amine	3085	3183	1572	481	533
SR1R4	*N*-((2-(tripenylstannyloxy)-1*H*-indol-3-yl)methylene)-7*H*-purin-6-amine	3090	3190	1574	484	539
SR1R5	*N*-((2-(tribenzylstannyloxy)-1*H*-indol-3-yl)methylene)-7*H*-purin-6-amine	3083	3175	1563	471	522
SR2R1	*N*-(4(trimethylstannyloxy)benzylidene)-7*H*-purin-6-amine	3075	3190	1568	477	510
SR2R2	*N*-(4(triethylstannyloxy)benzylidene)-7*H*-purin-6 amine	3080	3188	1562	480	525
SR2R3	*N*-(4(tributylstannyloxy)benzylidene)-7*H*-purin-6-amine	3086	3184	1571	482	531
SR2R4	*N*-(4(triphenylstannyloxy)benzylidene)-7*H*-purin-6-amine	3089	3191	1575	487	537
SR2R5	*N*-(4(tribenzylstannyloxy)benzylidene)-7*H*-purin-6-amine	3082	3177	1561	473	520

4.5 Espectroscopia NMR

4.5.1 ^{1}H NMR

Os espectros de RMN de protões dos ligandos e dos complexos foram registados em clorofórmio desnaturado. O desaparecimento de um pico para o protão N-H do material de partida que foi utilizado para a preparação do ligando, confirmou a formação do ligando e a ausência do pico do protão fenólico (O-H) indica que os complexos estão formados. O protão azometínico encontra-se no intervalo de 8,6 a 9,1.

Tabela 4.9 Dados de ^{1}HNMR dos ligandos

Code	Name	O-H	N-H	HC=N	Ar-H
SR1	3-[(7*H*-Purin-6-ylimino)-methyl]-1*H*-indol-2-ol	4.9	9.2, 9.5	8.9	6.8-7.4
SR2	4-[(7*H*-Purin-6-ylimino)-methyl]-phenol	4.5	9.5, 9.7	8.8	6.4-6.9

Tabela 4.10 Dados de RMN ^{1}H dos complexos

Code	Name of complexes	N=C-H	N-H	Ar-H	Alip-H
SR1R1	*N*-((2-(trimethylstannyloxy)-1*H*-indol-3-yl)methylene)-7*H*-purin-6-amine	8.6	9.8	6.6-6.8	0.6
SR1R2	*N*-((2-(triethylstannyloxy)-1*H*-indol-3-yl)methylene)-7*H*-purin-6-amine	8.5	9.7	6.9-7.0	0.7-1.1
SR1R3	*N*-((2-(tributylstannyloxy)-1*H*-indol-3-yl)methylene)-7*H*-purin-6-amine	8.9	9.6	6.5-6.7	0.9-1.7
SR1R4	*N*-((2-(tripenylstannyloxy)-1*H*-indol-3-yl)methylene)-7*H*-purin-6-amine	8.7	9.8	7.1-7.3	--
SR1R5	*N*-((2-(tribenzylstannyloxy)-1*H*-indol-3-yl)methylene)-7*H*-purin-6-amine	8.8	10.1	6.7-7.0	2.1
SR2R1	*N*-(4(trimethylstannyloxy)benzylidene)-7*H*-purin-6-amine	9.1	9.5	6.6-6.7	0.7
SR2R2	*N*-(4(triethylstannyloxy)benzylidene)-7*H*-purin-6-amine	8.6	10.0	6.8-6.9	0.6-1.3
SR2R3	*N*-(4(tributylstannyloxy)benzylidene)-7*H*-purin-6-amine	9.0	9.7	6.7-6.8	0.5-2.0
SR2R4	*N*-(4(triphenylstannyloxy)benzylidene)-7*H*-purin-6-amine	8.9	9.9	7.1-7.3	--
SR2R5	*N*-(4(tribenzylstannyloxy)benzylidene)-7*H*-purin-6-amine	9.1	10.2	6.7-6.8	2.0

4.5.2 ^{13}C NMR

Os espectros $^{\text{de }(13)}$C foram registados em clorofórmio deuterado. Os valores de desvio químico das espécies de alquilestanho são facilmente deduzíveis a partir do padrão de multiplicidade e das intensidades de ressonância. Os valores de integração obtidos a partir dos espectros resultantes estão em boa concordância com a estequiometria desejada. Os valores $^{\text{de }(1)}J(^{13}C)$ estão entre as melhores ferramentas para atribuir geometrias aos complexos de estanho(IV), os valores da constante de acoplamento obtidos para os complexos sintetizados são indicativos de tetra coordenação em torno do átomo de estanho(IV) **[179]**. Os complexos de triorganotina(IV) de 4-[(*7H-Purina-6-ilimino*)-metil]-fenol e 4-[(*7H-Purina-6-ilimino*)-metil]-fenol estão representados abaixo.

Tabela 4.11 ^{13}C NMR dos ligandos

Code	Name	C=N	Ar-C
SR1	3-[(7*H*-Purin-6-ylimino)-methyl]-1*H*-indol-2-ol	176.0	123-177
SR2	4-[(7*H*-Purin-6-ylimino)-methyl]-phenol	175.8	118-179

Tabela 4.12 Dados de RMN ^{13}C dos complexos

Code	Name of complexes	C=N	Ar-C	C-H	Sn-C
SR1R1	*N*-((2-(trimethylstannyloxy)-1*H*-indol-3-yl)methylene)-7*H*-purin-6-amine	172.0	123-176	09.1	12.2
SR1R2	*N*-((2-(triethylstannyloxy)-1*H*-indol-3-yl)methylene)-7*H*-purin-6-amine	174.5	121-177	19.1-35.1	23.6
SR1R3	*N*-((2-(tributylstannyloxy)-1*H*-indol-3-yl)methylene)-7*H*-purin-6-amine	172.5	119-175	12.5-26.5	22.0
SR1R4	*N*-((2-(tripenylstannyloxy)-1*H*-indol-3-yl)methylene)-7*H*-purin-6-amine	170.2	120-170	-	114.6
SR1R5	*N*-((2-(tribenzylstannyloxy)-1*H*-indol-3-yl)methylene)-7*H*-purin-6-amine	171.9	118-181	19.5	33.4
SR2R1	*N*-(4(trimethylstannyl oxy)benzylidene)-7*H*-purin-6-amine	172.1	120-167	12.4	10.1
SR2R2	*N*-(4(triethylstannyl oxy)benzylidene)-7*H*-purin-6-amine	166.0	128-171	10.4-23.9	19.9
SR2R3	*N*-(4(tributylstannyl oxy)benzylidene)-7*H*-purin-6-amine	173.7	125-174	12.2-34.0	33.1
SR2R4	*N*-(4(triphenylstannyl oxy)benzylidene)-7*H*-purin-6-amine	167.8	117-171	-	22.7
SR2R5	*N*-(4(tribenzylstannyl oxy)benzylidene)-7*H*-purin-6-amine	176.4	128-176	21.1	34.5

4.6 Atividade biológica

A base de Schiff e os seus complexos de organoestanho(IV) são biologicamente potentes e foram testados em diferentes espécies de bactérias e fungos.

4.6.1 Atividade antibacteriana

As actividades antibacterianas foram investigadas utilizando o método de difusão em ágar [180]. O Imipenem é utilizado como fármaco padrão para comparação com os ligandos estudados e os seus complexos. A técnica de difusão em ágar foi utilizada para avaliar a atividade antibacteriana dos complexos de ligandos mistos sintetizados [181]. Os resultados do estudo bactericida dos compostos sintetizados são apresentados na Tabela-1. Os resultados mostram claramente que os complexos foram considerados mais activos para estirpes Gram positivas do que para estirpes Gram negativas. A razão é que existe uma membrana exterior fora da parede celular que confere uma força extra às bactérias Gram negativas, razão pela qual estas apresentam uma maior resistência ao ligando e aos seus complexos.

A atividade antibacteriana de todos os complexos em relação a bactérias gram positivas e negativas é bastante significativa. Além disso, o ligando mostrou actividades baixas e os complexos actividades moderadas a altas em comparação com o medicamento padrão para todos os organismos.

Tabela 4.13 Dados de rastreio bactericida do ligand(SRl) e dos seus correspondentes complexos de organoestanho(IV) (zona de inibição em mm)

Microorganis ms	Ligano d(SR1)	Me3Sn L	Et3Sn L	Bu3Sn L	Ph3Sn L	Bz3Sn L	Medicamento padrão
Gram-positivo							
Bacillus subtilis	+	++	++	++	++++	++	++++
Staphylococcus aureus	+	+	++	+++	++++	+++	++++
Gram-negativo							
Escherichia coli	+	+	++	++	++++	++	++++
Salmonella typhi	+	n.c	n.c	++	+++	++	++++
Pseudomonas aeruginosa	n.a	+	++	+	+++	+++	++++

++++ = Excelente atividade (100% de inibição), +++ = boa atividade (60-70% de inibição), ++ = atividade significativa (30-50% de inibição), + = atividade negligenciável (10-20% de inibição), n.a = sem atividade, n.c = não verificado, Tamanho do poço: 6 mm (diâmetro), Medicamento padrão = Imipinem.

Tabela 4.14 Dados de rastreio bactericida do ligando (SR2) e dos seus correspondentes complexos de organoestanho (IV) (zona de inibição em mm)

Microorganis ms	Ligando(2)	Me3Sn L	Et3Sn L	Bu3Sn L	Ph3Sn L	Bz3Sn L	Medicamento padrão
Gram-positivo							
Bacillus subtilis	+	n.c	+++	+++	+++	++++	++++
Staphylococcus aureus	+	+	++++	++	++++	+++	++++
Gram-negativo							
Escherichia coli	+	+	+++	++	+++	++	++++
Salmonella typhi	++	++	n.c	++	++++	+++	++++
Pseudomonas aeruginosa	n.a	+	++	n.c	++	++	++++

++++ = Excelente atividade (100% de inibição), +++ = boa atividade (60-70% de inibição), ++ = atividade significativa (30-50% de inibição), + = atividade negligenciável (10-20% de inibição), n.a = sem atividade, n.c = não verificado, Tamanho do poço: 6 mm (diâmetro), Medicamento padrão = Imipinem.

4.6.2 Atividade antifúngica

As diferentes concentrações (50, 100, 250 e 500 ppm) do ligando e dos compostos testados foram utilizadas para estudar o efeito na germinação de *C. gloeospriodes, A. brassisicola, A. brassicae, C. capsici e H. graminiu,* pelo método da gota suspensa desenvolvido em **[182]**. Seguindo o mesmo método, testámos os nossos ligandos e complexos contra vários fungos como *Aspergillus niger, Fusarium oxysporum* e *Aspergillus flavus.*

Os resultados dos estudos antifúngicos são apresentados na Tabela 2. Os resultados obtidos mostraram que a atividade antifúngica do ligando é menor em comparação com os complexos, que são mais tóxicos do que o ligando de origem contra os mesmos microrganismos. O aumento da atividade antifúngica dos complexos de estanho(IV) pode dever-se ao efeito do ião metálico nos processos celulares normais. Um modo possível para o aumento da toxicidade pode ser considerado à luz da teoria de quelação de Tweedes **[183]**. A quelação reduziu consideravelmente a polaridade do ião metálico devido à partilha parcial da sua carga positiva com os grupos dadores e à deslocalização de electrões em todo o anel quelato. Esta quelação pode aumentar o carácter lipofílico do átomo metálico central, o que subsequentemente favorece a sua permeação através da camada lipídica da membrana celular. Entre os compostos sintetizados, o complexo de trifenilestanho mostrou uma excelente atividade contra todos os fungos utilizados.

Tabela 4.15 Resultados da atividade antifúngica para o ligando (SR1) e os complexos

Compostos	%Inibição (Diâmetro de crescimento em mm)		
	A. niger	F. oxysporum	A. flavus
[a]Bavistina	(00) 100	(00) 100	(00) 100
[a]Emcarb	(00) 100	(00) 100	(00) 100
DMSO(Controlo)	(21) 29	(27) 33	(31) 40
Ligando (SR1)	(11) 13	(14) 16	(8) 10
MeaSnL(SR1R1)	(18) 21	(16) 19	(20) 23
EtaSnL(SR1R2)	(20) 24	(16) 18	(13)15
Bu$_3$SnL(SR1R3)	(22) 25	(21) 23	(24) 27
Ph$_3$SnL(SR1R4)	(46) 49	(48) 51	(42) 44
Bz3SnL(SR1R5)	(23) 27	(19) 21	(26) 28

[a] Fungicidas convencionais

Tabela 4.16 Resultados da atividade antifúngica para o ligando (SR2) e os complexos

Compostos	%Inibição (Diâmetro de crescimento em mm)		
	A. niger	F. oxysporum	A. flavus
[a]Bavistina	(00) 100	(00) 100	(00) 100
[a]Emcarb	(00) 100	(00) 100	(00) 100
DMSO(Controlo)	(21) 29	(27) 33	(31) 40
Ligando(SR2)	(10) 12	(13)15	(9) 11
MeaSnL(SR2R1)	(19) 22	(17) 20	(18) 21
Et3SnL(SR2R2)	(21) 25	(17)19	(16) 18
Bu3Sn(SR2R3)	(20) 23	(19) 22	(21) 24
PhaSnL(SR2R4)	(44) 48	(46) 49	(40) 42
Bz$_3$SnL(SR2R5)	(22) 25	(20) 22	(24) 26

[a] Fungicidas convencionais

CAPÍTULO 5 REFERÊNCIA

1. J. R. Carlin e F. James, Serviço Geológico dos Estados Unidos. Recuperado **em 23**, 2008.

2. Reilly, Michael "How Long Will it Last?". *New Scientist.* **194**, 2605, 2007.

3. Brown, Lester. *Plan B 2.0.* Nova Iorque: W.W. Norton. p. **109**, 2006.

4. V. I. Kovalenko, V. V. Yarmolyuk, "Endogenous rare metal ore formations and rare metal metallogeny of Mongolia". *Economic Geology.***90** (3): 520, 1995.

5. "O Grupo Seminole Enterprises descobre minério de estanho de alto grau nas Amazónias da Colômbia". *Comunicado de imprensa gratuito da PRLog.* Recuperado em 28/07/2009.

6. P. R. Patel, B. T. Thaker e S. Zale, *Indian J. Chem.* **38A**, 563, 1999.

7. M. Valcarcel e M. D. Laque de Castro, Flow-Through Biochemical Sensors, *Elsevier Amsterdam*, 1999.

8. U.spichiger-Keller, Chemical Sesors and Biosensors for Medical and Biochemical Applications, *Willey-VCH Weinheim,* 1998.

9. J. F Lawrence e W. R Frei, Chemical Derivatization in Chromatography, *Elsevier Amsterdam*, 1976.

10. S, Ed. Patai, the Chemistry of the Carbon-Nitrogen Double Bond, *J. Willy &Sons London*, 1970.

11. E. Jungreis e S. Thabet, Analytical Applications of Schiff bases, *Marcell Dekker New York,* 1969.

12. C. M. Marcell, A. Cahill e D. J. Metzler, *J.Am.Chem.Soc,* **102**, 6075, 1980.

13. G. O. Dudek e E. P. Dudek, *Chem, Commun,* 464, 1965.

14. G. O. Dudek e E. P. Dudek, *J. Am.Chem. Soc*, **88**, 2407, 1966.

15. Z. Cimerman e Z. Stefanac, *Polyhedron,* **4**, 1755, 1985.

16. N. Galic, Z. Cimerman e V. Tomisic, *Ana.Chem. Ata,* **343**, 135, 1997.

17. Atlas das Drogas [em russo], *Mir-Onix Século XXI, Moscovo*, 1997.

18. N. P. Elinov, E. G. Gromova e D. N. Sinev, Reference Book of Drugs with Presciptions [em russo], Hippocratus, *São Petersburgo*, 1994.

19. W. Yangang, Ye Wenta, Y. Jun e Lou Aihong; *Wuhan Daxue Xuebao Ziran Kexueban,* 191 (Ch.) (1996); *Chem. Abstr.,* **125(13)**, 167, 1996.

20. Das Arima, J. Lien Eric e D. T. Melvin, *Chin. Pharm. J. (Taipei.),* **49(2)**, 89 (Eng),1997; *Chem. Abstr.,* **128(18)**, 217259n, 1998.

21. G. Gehad, M. M. Mohamed, Omar e M. M. Ahmed, *Hindy Spectrochimica Ata* Part A **62,** 1140, 2005.

22. Lei Shi, Ge. Hui-Ming, Shu-Hua Tan, Huan-Qiu Li, Yong-Chun Song, Hai-Liang Zhu, e Ren-Xiang Tan, European Journal of Medicinal Chemistry, **42**, 558, 2007.

23. Ele. Lingyan, L. Zhang, X. Liu, X. Li, M. Zheng, H. Li, K. Yu, K. Chen, Xu Shen, H. Jiang e H. Liu, *J.*

Med. Chem. **52**, 2465, 2009.

24. Sh. Kumar, D. N. Dhar e P. N. Saxena. *Jornal de Investigação Científica e Industrial*, **68**, 181, 2009.

25. M. Nath, Pramendra K. Sainia e A. Kumar, *Appl. Organometal. Chem.* **23**, 434, 2009.

26. M. Nath , P. K. Saini , A. Kumar, *Journal of Organometallic Chemistry*, **695,** 1353, 2010.

27. Smalders, R. Rene, Brunin, Dominique, Sarten, Frederic; *Bull.Soc.Chim. Belg.* **97**, 941, 1988, (Fr); *Chem. Abstr.* **112**, 511, 21055t 1990.

28. Chohan, Z. Hussain, Kusuar, e Somina; *Chem. Pharm*, Bull. **41**, 951-3, 1993, (Eng.); *Chem. Abstr.* **120**, 1034, 1994.

29. S. Anjani, M. Pankaj, e V. M. Patel; *Orient. J. Chem.,***13**, 289 (Eng.) 1997; *Chem. Abstr.,* **128**, 16, 1998.

30. S. Castellano, Paolo La Colla, Ch. Musia, Giorgio Stefancich; *Archiv der Pharmazie*, **6**, 162, 2000.

31. B. Holla, Shivarama, K. V. Malini, B. Sooryanarayan, B. K. Raw e N. Sarojini; *Eur. J. Med. Chem.* **38**, 313, 2003.

32. J. R. Dimmock, S. K. Raghavan, B. M. Logan e G. E. Begam; *J. Med. Chem.*, **18**, 249, 1983.

33. J. R. Dimmock, S. K. Raghavan, B. M. Logan e G.E. Begam; *J. Med. Chem.*, **18**, 249, 1983.

34. A. Adnan A. Bekhil, Heshan T. U. Fahwy, Azzaim Baraka et. al.*; Eur. J. Med. Chem.* **38**, 27, 2003.

35. C. Alexandru, Stocia, Gheorghe-Zaharia, Berdan, Ioan ; Rom. RO, **106**, 403 (Cl. CO7D 231/04), 1993, *Appl.* **143**, 707, 15, 1990, *Chem.Abstr.***129**, 491, 1998.

36. S. N Pandeya, D Sriram; *Ata Pharm. Turc.*, **40(1)**, 33(Eng.), 1998, *Chem.Abstr.*, **129**, 109, 1998.

37. V Ravindra. Chambhare, Barsu, G. Khudse, Anil S. Bobde, Rajesh H. Bahekar; *Eur. J. Med. Chem.,* **38**, 89, 2003.

38. R. Tilak, T. Ritu, G. Bhawna, K. K. Saxena, V. K. Shrivastava, K. Ashok; *Indian Drugs,* **35,** 216, (Eng.) (1998); *Chem. Abstr.,* **129**, 641, 1998.

39. C. Lopwing, Ann, **84**, 308, 1852.

40. A. G. Davis e P. J. Smith, *Adv. Inorg. Chem., Radion Chem.***1,** 23, 1980.

41. J. Chatt, e A. A. Williams, *J. Chem.Soc,* 4403, 1954.

42. F. G. A. Stone e D. Seyrerth, *J. Inorg. Nuclear Chem.***1**, 112, 1955.

43. R. D. M. J. P. Musgrave, *proc. Roy. Soc.***272A,** 503, 1963.

44. A. Bokranz, e H. Plum, *Topics Current Chem.***16**, 365, 1971.

45. K. Jones e M. F. Lappert, *Organomet. Chem. Rev.***1**, 67, 1966.

46. M. E. Bishop e J. J. Zuckerman, *Inorg. Chem.***122**, C1, 1974.

47. W. L. Lehn, *J. Am. Soc.* **86**, 305, 1964.

48.   B.T.K. Barry e C. J. Thwaites, Tin and its Alloys and Compounds, *Ellis Harwood Chichester*, 1983.

49.   Y. Kondo, D. Uchiyama, T. Sakamoto e H. Yamanaka, *Tatrahedron Lett.***30**, 4249, 1989.

50.   A. Ruzicka, L. Dostal e R. Jambor, *Appl. Organomet. Chem.* **N16,** 315, 2002.

51.   R. MAlhotra, J. Mehta e J. K. Puri, Cent. *Eur.J.Chem.***3**, 5, 2007.

52.   Q. Xie, Z. Yang e L. Jiang, *Main Group Metal Chem.* **19**, 509, 1996.

53.   G. E. Coates, M.H.C. Green e K. Wode. *Organomet. Compds.* 3rd ed. **1**, 430, 1967.

54.   P. Klimsch e P. Kaue, **24**, 380, 1977.

55.   W. M. Quatterbaum e C. A. Jar, **370**, 3535, 1943.

56.   G. P. Meck, patente dos EUA, **51**, 6219, 1957.

57.   S. King, Pigm, Resin Technol. **9, 8**, 1980.

58.   B. Sugavanm, Tin And Its uses, **4**.126, 1980.

59.   Solvay, Cie, patente Belgain, **557**, 505, 1957.

60.   G. H. Nosler, Gesund, Disinfekt, b, 10, 65-175, 1970.

61.   L. I. Jing, LIAO Ren-An e Q. L. Xie, Preogress in natural science. **4**, 1, 1994.

62.   W. N. Aldridge; In organotin compounds : New chemistryand applications" *J.*

Edzucerman; J. Adv. Chem.. ser. Am. Soe. Washington. **157**,167,1976.

63.   J. W. Nicholon, *J. Chem. Edu.* **66**, 621, 1989.

64.   M. N. X. anthopoulou, S. K. Hadjikakou, N. Hadjiliadis, M. Schurmann, K. Jurkschat, A. Michaelides, S. Skoulika, T. Bakas, J. Binolis, S. Karkabounas e K. Charalabopoulos, *J. Inorg. Biochem.* **96**, 425, 2003.

65.   H. D. Yin, M. Hong, G. Li e D. Q. Wang, *J. Organomet. Chem.* **690**, 3714, 2005.

66.   H. L. Siddiqui, A. Iqbal, S. Ahmad e G. W. Weaver, *Molecules.* **11**, 206, 2006.

67.   S. Chavan, e R. Sivappa, *Tetrahedron Lett.* **45**, 3941, 2004.

68.   K. Parang, E. E. Knaus, L. I. Wiebe, S. Sardari, M. Daneshtalab, F. Csizmadia, *Arch. Pharm.* **37**, 671, 1996.

69.   P. Rathelot, N. Azas, H. El-Kashef, F. Delmas, C.Di Giorgio, P. Timon-David, J. Maldonado, P. Vanelle, *Eur. J.Med. Chem.* **37**, 671, 2002.

70.   R. P. Pawar,N. M. Andurkar,Y. B. Vibhute, *J. Ind. Chem. Soc.* **76**, 271, 1999.

71.   N. Irbas, R. Glu, *Truk. J. Chem.* **28,** 679, 2004.

72.   S. Pandeya, D. Sriram, G. Nath, E. DeClercq, *Eur. J. Pharm. Sci.* **1**, 25, 1999.

73.   G. A. Bain, D. X. West, J. Krejci, J. Valdes, H. A. Simon, R. A. Toscano, *Polyhedron.* **16**, 855, 1997.

74. L. S. Zamudio-Rivera, R. George-Tellez, G. López-Mendoza, A. Morales-Pacheco, E. Flores, H. Hopfl, V. Barba, F.J. Fernàndez, N. Cabirol, H.I. Beltràn, *Inorg. Chem.* **44**, 5370, 2005.

75. S. Gaur, N. Fahmi, R.V. Singh, Phosphorus, Sulfur Silicon *Relat. Elem.* **182**, 853, 2007.

76. W. Rehman, M.K. Baloch, A. Badshah, *Eur. J. Med. Chem.* **43**, 2380, 2008.

77. U.N. Tripathi, M.S. Ahmad, G. Venubabu, P. Ramakrishna, *J. Coord. Chem.* **60**,x 1709, 2008.

78. M.   Jain, S. Gaur, V. P. Singh, R.   V. Singh, *Appl. Organomet. Chem.* **18**, 73, 2004.

79. M.   Nath, S. Pokharia, G. Eng, X. Song, A. Kumar, M. Gielen, R. Willem, M. Biesemans, *Appl. Organomet. Chem.* **18**, 460, 2004.

80. M.   Nath, S. Pokharia, G. Eng, X. Song, A. Kumar, *Eur. J. Med. Chem.* **40**, 289, 2005.

81. M.   Nath, S. Pokharia, G. Eng, X. Song, A. Kumar, *Spectrochim. Ata,* Parte A **63,** 66, 2006.

82. M. Nath, S. Pokharia, G. Eng, X. Song, A. Kumar, *J. Organomet. Chem.* **669**, 109, 2006.

83. M. Nath, S. Pokharia, G. Eng, X. Song, A. Kumar, Synth. React. *Inorg. Met. Org. Chem.* **34**, 1689, 2004.

84. M. Nath, R. Yadav, G. Eng, T.T. Nguyen, A. Kumar, *J. Organomet. Chem.* **577,** 1, 1999.

85. M. Nath, H. Singh, P. Kumar, A. Kumar, X. Song, G. Eng, *Appl. Organomet. Chem.* **23**, 347, 2009.

86. M. F. Gielen, metal based antitumour drugs, *Freund Publishers.* **1**, 103, 1988.

87. P. S. Wright, e J. Dentistry, **8**,144, 1980.

88. J. Banoczy, J. szoke, e P.Herteoz et al; *Caries Res.* **28**,284, 1989.

89. R. K Ingham, S.D. Rosenberg, e H. Gilman, *Chem. Rev.* **60**, 459,1960.

90. W. P. Neumann, "The Organic Chemistry of Tin", *Interscience Publishers.* 1970.

91. K. W. Chan, I.E.T. Stewart e C. Matreweli, *Clin. Nucl. Med.* **20**, 645, 1995.

92. N. M. Browm, "The effect of organotin compounds on C3H-stain Mice", Tese de Doutoramento, *clemenson university, clemenson.* S.C. 1972.

93. R. J. Zedler e H. Sakai, Manufatura de 2,3-O-dialquilestanho-5-flourouridina, *patente japonesa.* **76**,100,1975.

94. Anon, Monooragnotin compounds, Tin Res. Inst. Annu. Rep., *Greenford, UK.* 1977.

95. P. J. Smith Metallurgie, **22**, 161,1982.

96. M. J. Clear, *Coord. Chem. Rev.* **12,** 39, 1974.

97. L. R. Sherman, e F. Huber, *Appl. Organomet. Chem.* **2,** 1,1988.

98. S. J. Blunden e Chapman, "Oragnotin compounds in environment" In organomettalic compounds in environmental principles and reactions, P. G. Craig(ed), *Wiley interscience publisher.* 1986.

99. T. Hof e J. G. A. Luijten, timb, Techn. 2236, 1959, citado em Tin and its uses, **5**, 64, 1964. B. A. Richardson e Wood, **29**, 57, 1964, citado em Tin and its uses,**5**, 64, 1964.

100. A. J. Crowe, R. Hill e P. J. Smith, "Tributyltin wood preservatives" *International Tin Research Institute, Londres*, 559, 1978.

101. A. J. Crowe, R. Hill, P. J. Smith e T. R. G. Cox, Int. J. Wood, 1,119,1979.

102. J. M. Baker e J. M. Talor, *Ann. Appl. Bio.* **60**,181,1976.

103. A. J. Crow, Int. Tin. *Res.Ins.* 679, 1987.

104. A. M. Coles, Tin and Its Uses, **12**,,140,1980.

105. S. J. Blunden, P. A. Cusack e R. Hill, The industrial of Tin chemicals, *The royal society of chemistry, Londres.* 1985.

106. A. J. Crow, *Appl. Organomet. Chem.* **1**, 331, 1987.

107. M. Geilen, *Appl. Orgamomet. Chem.* **16**, 481, 2002.

108. W.A. Collier e Z. H.Y. Infectionskr. **110**,169,1929.

109. S.Tabassum, C. Pettinari, *J. Organomet. Chem. 691,* 176, 2006.

110. C. Pelleritlo, P.D. Agati, T. Fiore, C. Mansueto, V. Mansueto, G. Stocco, L.Nagy e L. Pellerito, *J. Inorg. Biochem.* **99**,1294,2005.

111. A. Ross, Industrial application or organotin compounds. Ann. N.Y. Acad. Sci. **125**, 107, 1965.

112. L. I. Nass, Stabilization In: Encycolopedia of polymer science and Technology, H. F. Marj, N. G. Gaylord e N. Bikales, eds. Interscience New In: Encycolopedia of polymer science and Technology, H.F. Marj, N.G. Gaylord e N. Bikales, eds. *Interscience New York.* 1967.

113. M. Farnsworth e J. Percola, Determinação de estanho em compostos e misturas inorgânicos e orgânicos. *Anal. Chem.* **31**, 410, 1959.

114. A. G. Faberwerke Hoechst, Brit,. Pat. **841**, 151, 1960.

115. J. R. Caldwell (Eastman Kodak Co), *US pat.* **507**, 2720, 2955.

116. C. F. Horn e H. Vinyard (union carbide corp), *Brit. Pat.* **899**, 896, 1992.

117. M. H. Gitiliz, R. Dirkx e D.A. Russo, *Chemtech.* **552**, 1992.

118. G. T. M. Vander Kerk, J.G. Noltes e J.G.A. *Luijten, Angew. Chem.* **70**, 298, 1958.

119. W. Peters, E. R. Trotter, B. L. Robinson, *Ann. Trop. Med. Parasitol.* **74**, 321, 1980.

120. T. S. B. Baul, K.S. Singh, X. Song, A. Zapata, G. Eng, A. Lycka, A. Linden, *J. Organomet. Chem.* **689**, 36, 2004.

121. T. S. B. Baul, K.S. Singh, M. Holcapek, R. Jirasko, A. Linden, X. Song, A. Zapata, G. Eng, *Appl. Organomet. Chem.* **19**, 935, 2005.

122. G. Francois, M. V. Looveren, G. Timperman, B. Chimanuka, L. A. Assi, J. Holenz, G. Bringmann, *J. Ethnopharmacol.* **54**, 125, 1996.

123. V. G. Kumar Das, L. Y. Kuan, K. I. Sudderuddin, C. K. Chang , Y. Thomas C. K. Yap, M. K. Lo, Y. Hoi-sen, Toxicology. **32,** 57, 1984.

124. T. T. Nguyen, N. Ogwuru, *G. Eng Appl. Organometal. Chem.* **14,** 345, 2000.

125. T. S. B. Baul, S. Dhar , E. Rivarola, F. E. Smith , R. Butcher, X. Song, M. McCain, *G. Eng, Appl. Organomet. Chem.* **17,** 261, 2003.

126. T. S. B. Baul, K.S. Singh, X. Song , A. Zapata , G . Eng, A. J. Linden, *J. Organomet. Chem.* **689,** 4702, 2003.

127. L. A Hobbes e P. J. Smith, Tin and its uses, **10,** 131, 1982.

128. S. Karpal. Tin and Its uses, **1,** 125, 1980.

129. W. Knoll. Chemistry and technology of silicones, *Academic, New York.* 1968.

130. S. Haberman, etal. Effects of plastics and their additives on human serum protein, antibodies and developing chick embryos. In: Documentos Técnicos da Conferência Técnica Regional, 22-43, 1967.

131. H. B. stoner, J. M. Barnes ND J. I. Duff, Studies on alkyltin compounds. *Birt. J. Pharmacol.* **10,** 16, 1955.

132. P. N. Magee, H. B. Stoner e J. M. Barnes, "The experimental production of edema in the central nervous system of the rat by tributyltin compounds. *J.Path. Bact.* **73,** 107, 1957.

133. P. A. Cusack, Fire and Materials, **1,** 17, 1993.

134. F. Andre, P. A. Cusack, A. W. Monk, *Polym. Degrad. Stabil.* **40,** 267, 1993.

135. P. A. Hornsby, P. Winter, P. A. Cusack, *Polym. Degrad. Stabil.* **44,** 177, 1994.

136. C. J. Evans, Glass, **51,** 303, 1974.

137. Z. pelican e E. Cerny, "The toxic effects of tri-n-butyltin compounds on the white mice". *Arch. Toxikal.* **23,** 283, 1968.

138. K. suzaki, algumas novas observações sobre a intoxicação de ratos com trietilestanho. *Exp. Neural.* **31,**207, 1971.

139. Z. Pelikan, Effects of bis(tri-n-butyltin) oxide on the eyes of rabbits (Efeitos do óxido de bis(tri-n-butilestanho) nos olhos dos coelhos). *Brit. J. Imd. Med.* **26,** 165, 1969.

140. W. Burkhardt, *Galvantechnik.* **84,** 2922, 1993.

141. J. M. Barnes e P. N. Magee. "The biliary and hepatic lesion produced experimentally by dibutyltin salts" [A lesão biliar e hepática produzida experimentalmente por sais de dibutilestanho]. *J. Path. Bact.* **75,** 267, 1958.

142. W. N. Aldrige e B. W. Street, "A relação entre a ligação específica do trimetilestanho e do trietilestanho às mitocôndrias e o seu efeito em várias funções mitocondriais. *Biochem.J.* **124,** 221, 1971.

143. W. N. Aldrige e B. W. Street, The specific binding of trimethyltin and triethyltin to rat liver mitochondria. *Biochem J.* **118,** 171, 1970.

144. M. Stockdale, A. P. Dawson e M. J. Selwyn. Effects of trialkyltin and triphenyltin compounds on mitochondrial respiration (Efeitos dos compostos de trialquilestanho e trifenilestanho na respiração

mitocondrial). *Europ.J. Biochem.* **15,** 342, 1970.

145.   M. S. Rose. Evidência de histidina no sítio de ligação ao trietilestanho da hemoglobina de rato. *Biochem. J.* **111,** 129, 1969.

146.   J. O. D. Coleman e J. M. Palmer. The influence of pH on the inhibition of oxidative phosphorylstion and electron transport by triethyltin. *Biochem. Biophys. Ata.* **245,** 313, 1971.

147.   J. E. Cremer. Inibição selectiva da oxidação da glicose pelo trietilestanho no cérebro do rato in vivo. *Biochem. J.* **119,** 95, 1970.

148.   F. Joo, etal. Colapso da barreira hemato-encefálica na hemangiopatia cerebral linfostática e no envenenamento por trietilestanho. *Med. Exp.* **19,** 342, 1969.

149.   W. J. Hayes, Pesticide Studies in man, *Williams and Wilkins, Baltimore* 1982.

150.   D. B. J. F. Miller, J. Reinhard, A. J. Daniels e J. P. O. Callaghan, *J. Neurochem.* **57,** 549, 1991.

151.   N. J. Snoeij, A. A. T. Van Tersel, A. H. Penninks e W. Seinen, Toxicol.*Appl. Pharmacol,* **81,** 274, 1985.

152.   A. H. Psnnink, e W. Seinen, *Toxicol.Appl. Pharmacol.* **56,** 221, 1980

153.   P. A. Cusack e P. J. Smith, *J. Chem. Soc. Balton Trans.* **439,** 1982.

154.   M. R. Rose e E. A. Lock, *Biochem. J.* **120,**151, 1962.

155.   I. Omae, Orgaotin Chemistry, (J. Organomet. Chem. Library, Vol.21), *Elsevier, Amesterdão.* 1989.

156.   P. G. Harrison, em Chemistry of Tin, Ed., P. G. Harrison, *Blackie, Glasgow.* 1989.

157.   K. Nakamoto, Infrared and Raman Spectra of Inorganic and coordination Compounds, 4th ed.; *Wiley: Nova Iorque.* 1986.

158.   G. K. Sandhu, N. S. Boparoy, Synth. React. *Met.-Org. Chem.* **20,** 975, 1990.

159.   G. K. Sandhu, G. Kaur, *J. Organomet. Chem.* **388,** 63, 1990.

160.   M. Danish, S. Ali, A. Badshah, M. Mazhar, H. Masood, A. Malik, G. Kher, Synth. React. *Met.-Org. Chem.* **27,** 863, 1997.

161.   S. Ahmed, S. Ali, F. Amad, M. H. Bhatti, A. Badshah, M. Mazhar K. M. Khan, *Synth. React. Met.-Org. Chem.* **32,** 1521, 2002.

162.   F. Ahmad, S. Ali, M. Parvez, A. Munir, M. Mazhar, K. M. Khan, T. A. Shah, *Heteroatom Chem.* **13,** 638, 2002.

163.   G. K. Sandhu, R. Gupta, S. S. Sandhu, R. V. Parish, K. Brown, *J. Organomet. Chem.* **373,** 279, 1985.

164.   M. A. Choudhary, M. Mazhar, S. Ali, X. Song, G. Eng, *Met. Based Drugs,* **8,** 275, 2002.

165.   M. S. Singh, M. D. Raju, A. K. Singh, P. Narayan, *Synth. React. Inorg. Met. - Org. Chem.* **29,** 73, 1999.

166.   B. Wrackmeyer, Annu. Rep. *NMR Spectrosc.* **16,** 73, 1985.

167.   A. G. Davis e P. J. Smith, Comprehensive Organometallic Chemistry, The Synthesis, Reactions and Structure of

Organometallic Ccompounds, Ed., G.Wilkison, F. G. Stone e E. W. Able, *Pergamon, Oxford,* 1982.

168.   H. A. Bent, *Chem. Rev.* **61**, 275, 1961.

169.   J. T. B. H. Jastrzebski, G. V. Koten, Advances in Organometallic Chemistry, Intramolecular Coordination in Organotin Chemistry, Ed., F. G. A. Stone e R. West, *Academic Press, Londres.* 241, 1993.

170.   T. P. Lockhart, W. F. Manders, E. M. Holts, J. *Am. Chem. Soc.* **108**, 6611, 1986.

171.   M. Bulpitt, W. Kitching, W. Adcock, D. Doddrell, *J. Organomet. Chem.* **116**, 187, 1976.

172.   J. Otera, *J. Organomet. Chem.* **221**, 57, 1981.

173.   G. V. Koten, J. T. B. H. Jastrzebski, J. G. Noltes, W. M. F. G. Pontegel, J. Kroom, A. L. Spek, *J. Am. Chem. Soc.* **100**, 5021, 1978.

174.   V. Chandrasekhar, C. G. Schmidt, S. D. Burton, J. M. Holmes, R. O. Day, R. R. Holmes, *Inorg. Chem.* **26**, 1050, 1987.

175.   J. Holecek, K. Handlir, M. Nadvornik, A. Lycka, *Z. Chem.* **30**, 265, 1990.

176.   W. L. F Armarego e C.L.L. Chai. "Purification of laboratory chemicals" *5th Ed; Elsevier (USA),* 2003.

177.   C. Pettinari, M. Pellei, M. Miliani, etal, Tin(IV) and organotin complexes containing mono or bidentate N-donor ;III,1,1 methylimidazole derivatives, *J. Organomet. Chem,* 553, 1998.

178.   H. D. Yin, Q. B. Wang, S. C. Xue, Síntese e propriedades espectroscópicas de complexos de diorganotina(IV) de 2-quinaldato e estrutura cristalina de (4- FC6H4CH2)2Sn(2-quin) 2 CH3OH]n, *J. Organomet. Chem.* **690**, 831, 2005.

179.   D. Dakernieks, H. Zhu, D. Masi, C. Mealli, Não rigidez estreoquímica e dinâmica de ligandos em compostos hipervalentes de estanho (IV), Hetero RMN e estudos cristalográficos de complexos de triorganotina (IV) e diorganotina (IV) com ligandos de ditiolato, *Inorg. Chem.,* **31**, 3601, 1992.

180.   A. Rahman, M. I. Choudhary, W. J. Thomsen, Bioassay Techniques for Drug Development, *Harwood Academic Publishers, Países Baixos,* **16,** (2001).

181.   M. B Ferrari, S. Capacchi, G. Pelosi, etal., J. Inorg. Chem. Ata. **286**, 134-141, 1999.

182.   P. W. Brian, Antagonestic and Compartive mechanisms limiting survival and activity of fungi (Mecanismos antagónicos e comparativos que limitam a sobrevivência e a atividade dos fungos), *Trans. Brit. Mycol. Soc.,* **43,** 1 1960.

183.   B. G. Tweedy, Enxofre elementar. In: Torgeson DC, ed. Fungicides. An Advanced Treatise, Vol. II. Chemistry and Physiology. *Londres, Reino Unido: Academic Press*, 119, 1969.

Printed by Books on Demand GmbH, Norderstedt / Germany